文庫

種の起源（上）

ダーウィン

渡辺政隆訳

kobunsha classics

光文社

Title : ON THE ORIGIN OF SPECIES
BY MEANS OF NATURAL SELECTION
1859
Author : Charles Darwin

『自然淘汰による種の起源（上）』　目次

下巻目次

訳者まえがき

イギリスのナチュラリスト、チャールズ・ダーウィン（一八〇九〜一八八二）が一八五九年に出版した『種の起源』は、決して誇張ではなく、世界を変えた書と言ってよいだろう。本書はその歴史的な書『種の起源』（初版）を新たに全訳したものである。ダーウィンの業績および『種の起源』の位置づけなどに関しては、上巻巻末の「本書を読むために」を参照していただくとして、ここでは本書を読み進んでいただく上で参考となる覚えを記しておく。

凡例

本書の正式な書名は、『自然淘汰による種の起源——生存闘争における有利な品種の保存』だが、本書ではタイトルは通称に従って『種の起源』とした。原文テキストは、*On the Origin of Species by Charles Darwin. A Facsimile of the First Edition*（Harvard University

Press, 1964）を用いた。このテキストは原書の初版を複刻したものである。

『種の起源』が書かれた時代背景やその後の知見などを踏まえ、最小限の訳注を本文中に［ ］で挿入した。長さや重さの単位は、すべてメートル法に換算した。原文における人名の表記は同一人物でもフルネームであったり、姓のみであったりとまちまちで、しかも敬称や肩書きも、同一人物なのにミスターやドクターが冠せられているかと思うといっさいなしだったりと、かなり恣意的である。そこにどのような著者の意図があったのかは知りようもないので、訳文ではそれを忠実に反映させておいた。

ダーウィンの文章は一文がきわめて長く、しかも文と文のあいだも接続詞なしで、単にコロンで区切られ、延々と続いていたりする。また、一段落もきわめて長い。本書では、古典新訳文庫の刊行趣旨に沿い、読みやすさを優先するために臨機応変に段落を改めた。さらに、原文にはない小見出しも補った。

『種の起源』におけるキーワードの一つであるナチュラルセレクションの訳語については、「自然選択」ではなく、あえて「自然淘汰」を採用した。これは訳者の好みもあるが、生物の変異個体を篩《ふるい》にかけるという意味を強調したいという意図がある。それして選び取るという意味の「選択」については、随時「選抜」の語をあてた。これには、人為選抜とのアナロジーから自然淘汰説を説くダーウィンの戦略を尊重する意味がある。

また、原文ではナチュラリスト、ナチュラルヒストリーの語が頻出する。これまで、ナチュラリストは「博物学者」、ナチュラルヒストリーは「自然史」と訳されることが多かった。しかし、ダーウィンがナチュラリストと呼んでいる人物の多くは在野の自然観察家や昆虫マニア、園芸家であったりすることが多く、いわゆる「学者」のイメージにはそぐわない。そこで本書ではすべてそのまま「ナチュラリスト」で統一した。一方のナチュラルヒストリーは、自然の歴史ではなく総合的な研究分野を指す語であり、「自然史学」の訳語をあてている。

分類階級

『種の起源』は、文字通り「種」の起源を論じていることから、生物分類の階級名が頻出している。そもそも「種」なる用語からして、日常生活ではめったに使われない。ましてそれ以外の分類階級にはなじみのない読者が大半だろう。そこで、主な分類階級について説明しておこう。

一般に生物には、二名法と呼ばれる方式で記されたラテン語の学名が付けられている。これは一八世紀にスウェーデンの自然史学者リンネが考案したものである。たとえばヒトという種の学名はホモ・サピエンスで、前半の「ホモ」は属名、「サピエンス」は種小名と呼ばれる。これは、ヒトはホモ属というグループに含まれるホモ・サピエンスという種であることを示している。ホモは姓でサピエンスは名にあたると考えてもいい。

現在、ホモ属はヒトのみだが、かつてはホモ・エレクトス、ホモ・ハビリス、ホモ・ネアンデルターレンシスといった同属の別種が存在していた。

属は、類縁度の高いものどうしで科を構成している。さらに科は目《もく》に統合され、さらには綱《こう》、門、界へと統合されていく。それとは逆に、種は亜種に分けられ、その下は変種、さらにその下は品種、そして亜品種に分けられる。また、属と種のあいだに節《せつ》という分類階級を設ける場合もある。

まとめると、生物の分類階級は、小さいほうから見ると、亜品種—品種—変種—亜種—種—節—属—科—目—綱—門—界という階層構造をなしているのだ。ヒトの分類学的位置づけは、上からたどると、動物界の中の脊索動物門、哺乳綱、霊長目、ヒト科、ヒト属、ヒト（種）となる。

時代背景

ダーウィンが活躍した時代は、大英帝国華やかなりしヴィクトリア時代である。イギリス全土で鉄道網の建設に力が入れられ、ロンドンでは万国博覧会が開催されるなど、国威発揚に余念のない時代だった。しかしイギリス社会では英国国教会の力が依然として強く、自然史学を追究する目的も、創造主の叡智と恩寵を自然界から読み取ることにあった。つまり、すべての生物は神が個別に創造したものだという創造説が幅を利かせる時代だったのだ。

その中にあって、生物は共通の祖先から進化したと主張すれば、社会的制裁も覚悟しなければならないような風潮があった。したがってそれにあえて踏み切ったダーウィンは、用意周到な論証を行なう必要を感じていた。詳しくは後述するが、ダーウィンは生物進化の着想を得てからじつに二〇年以上もの準備期間を経て、『種の起源』を世に送り出したのだ。

現代にあってその『種の起源』を読み直す意義の一つは、ダーウィンの入念な論証を追体験することにある。きわめて慎重に言葉を選んでいるダーウィンだが、その端々で創造説を揶揄することも忘れていない。ダーウィンは理性的で論理を重んじる人である。したがって、創造説では論理的に説明できないということを、ことあるごとに強調している。

さらには、ダーウィンは自説に向けられるはずの明白な批判を十分に覚悟しており、その先回りをして自説の難題を自ら掲げ、その解決まで試みている。その上、『種の起源』の初版を一八五九年に出版して以後、批判や指摘に答えるかたちで一八七二年までに六版を重ねたほどだ。初版（本書）を読むだけでも、その意気込みと、自説に対する自負のほどが強く実感できる。

なお、『種の起源』には頻繁に、ここではこれ以上論じるだけのページの余裕がないという一文が織り込まれている。これは、ダーウィンは当初、すべてを盛り込んだ大著『自然淘汰説』、通称「ビッグ・スピーシーズ・ブック（種の大著）」を完成させる予定で執筆を進めていたところ、諸般の事情である程度まとまった著書を刊行する必要に迫られ、大著の「要約」のかたちで『種の起源』を出版したという事情を背景にしている。ただし、ごらんのようにきわめて長い「要約」である。「要約」から外された詳細な論議は、後の別の著書で展開されることになった。

現代的意味

ダーウィンは、進化学の祖であるばかりでなく、生態学、地質学、古生物学、動物心理学（行動学）、体系学（系統学）、科学論等々、現代の主要な研究分野の方向性を予見した偉大な科学者である。しかもそのエッセンスは『種の起源』にすべて盛り込まれている。そんなダーウィンの慧眼を行間から読み取っていくのも、『種の起源』の読み方の一つだろう。

一方、ダーウィンの弱みは、当時はまだ遺伝の仕組みが皆目解明されていないことだった。そこで、既知の遺伝現象を前提に論を進めると同時に、遺伝の法則についてはまったくわかっていないと率直に表明している。この潔さ、真摯な態度もダーウィンの大きな魅力の一つである。

自然淘汰による種の起源（上）

——生存闘争における有利な品種の保存

しかし、こと物質界に関しては、少なくとも次のように考えてよい。すなわち、個々の事象は神の力が個別に介入することで起こっているわけではない。神が定めた一般法則によって起こっているのだ。

W・ヒューエル「ブリッジウォーター叢書」より

つまり結論はこうだ。謹厳という根拠の薄い自負心、あるいははき違えた節度にかられたからといって、人が神の言葉や御業《みわざ》について記された書物の研究、すなわち神学や自然哲学に深入りしすぎたり、精通しすぎるなどということはありえない。むしろ、いずれにおいても無限の向上や熟達に努めるべきなのである。

ベーコン『学問の進歩』より

一八五九年一〇月一日
ケント州ブロムリー自治区ダウン村にて

はじめに

かつて私は、ナチュラリストとして軍艦ビーグル号に乗船していた。そのとき、南アメリカにおいて、生物の分布と、その大陸における過去と現在の生物との時間を超えた関係にとても驚かされた。そこで見た事実は、さる偉大な哲学者が「謎の中の謎」と呼んだ「種の起源」を解明するうえで、何らかの光明をもたらすのではないかと思えた。そして帰国した翌年の一八三七年には、種の起源という問題に関係しそうなあらゆる事実を辛抱強く集めて考察を重ねれば、この謎が解けるのではないかという予感が湧いてきた。

それから五年間の研究を重ねた時点で、そろそろそれまでの考察をまとめてもよい頃だと判断した。そこでいくつかの断章を書き上げ、一八四四年にはそこそこ納得できる一つの結論にまとめ上げた。それ以降も私は、種の起源という問題に関して、着実な探究を続けてきた。こんな細かい私事をあえて書き連ねるのは、決して性急に出した結論ではないことをわかっていただきたいからである。

私の研究はほぼ完成しつつあるのだが、完成までにあと二、三年はかかる見込みだ。ところが私の体調は決して良好とはいえない。そんなこともあり、とりあえず要約でもよいからぜひとも出版すべきだとの声が多かった。それに加えて本書の出版に踏み切ったさらなる理由は、現在、マレー諸島で自然史学の研究にいそしんでいるウォレス氏が、種の起源に関して、総論として私とほぼ同じ結論に到達したことにある。

昨年、氏はこの問題に関する覚書を私の元に送付し、リンネ学会誌第三巻にふさわしい論文かどうか、サー・チャールズ・ライエルの判断を仰いでもらえないかと依頼してきた。ところが、サー・チャールズ・ライエルとフッカー博士は、私のこれまでの研究を以前から知っていた。特にフッカー博士は、私が一八四四年にまとめた試論を読んでいた。そういう経緯から両氏は、光栄にも、ウォレス氏のすばらしい覚書と、私の草稿からの何篇かの要約とをいっしょに公表する価値があるとの判断を下すに至った。

本書はあくまで要約であり、したがって当然ながら不完全なものである。記述に関して、いちいち参考文献や出典をあげることもできない。私が間違っていないことは、読者に信頼してもらうしかない。もちろん、信頼のおける出典のみに基づいて論じることを常に心がけてはいるが、それでも誤りが入り込んでしまうことは避けられないだろう。

そういうわけで本書では、自ら到達した一般的な結論を、いくらかの説明的事実を添えて提出することしかできない。しかし大きな間違いはないだろうと思っている。ただしすべての事実に関して、私が結論を導くうえで参考にした文献も含めて、いずれ詳細な補足を公表すべきであることは、私自身が誰よりも強く自覚している。したがって、これからの研究でそれを実行していくつもりである。なぜならば、本書で実例をあげられないまま論じた点については、そこから私とは正反対の結論を導けそうなものも多いことを、十二分に承知しているからである。どんな問題であれ、相反する事実を検討し、十分な議論を重ねたうえで秤《はかり》にかけなければ、正しい結果は得られない。しかし残念なことに、本書ではスペースの関係でそれを実行できそうにない。

私はじつに多くのナチュラリストから寛大な助力を得た。しかしやはりスペースの関係で感謝の念を十分に述べられないことがとても残念だ。そのなかには個人的には存じあげない人たちも含まれている。ただ、フッカー博士に対する深謝の気持ちだけは述べずにいられない。博士はこれまで一五年間にわたり、その博識とすばらしい判断力を遺憾なく発揮し、私を助けてくれた。

さて、ナチュラリストが種の起源について考察をめぐらし、生物相互の類似性、胚《はい》発生［受精卵が孵化あるいは出産まで成長する過程］上の関係、地理的分布、地質学の記録に見られる生物の系列といった事実を重ね合わせたとしてみよう。その結果、個々の種は個別に創造されたわけではなく、変種と同じように、別の種から由来したものだとの結論に至ったとしてもおかしくはない。しかしそのような結論は、たとえ十分な根拠に基づくものだとしても、この世に存在する無数の種が、かくもみごとな相互の適応と構造の完璧さを獲得した仕組みを示せないうちは、いつまでたっても不完全なままである。

変異が生じる原因としてナチュラリストがいつもあげるのは、気候や食物といった外的条件である。これから見ていくように、きわめて限定的な意味では、それは正しいかもしれない。しかし、たとえばキツツキの形態を見て、その足、尾羽、くちばし、舌などが、樹皮の下に潜む虫を捕まえることにみごとに適応している事実を、外的条件だけで説明することには無理がある。

ヤドリギの場合はどうだろう。ヤドリギは、寄生した樹木から養分を吸い上げ、ある特定の鳥によって運ばれなければならない種子をつけ、ある特定の昆虫によって花粉を媒介されなければならない雄花と雌花を別々に咲かせる。このような寄生植物の構造と何種もの生物との特殊な関係を、外的条件や習性、植物自身の意思などで説明することにも、やはり無理がある。

最近出版された『創造の自然史の痕跡』という本の著者ならば、何世代も経るうちにある種の鳥からキツツキが生まれ、ある種の植物からヤドリギが生まれたのであり、それらは最初に生まれたときから現在のような完璧な状態だったのだと説明するかもしれない。しかし私に言わせれば、そのような憶測は説明ではない。そんな想定では、生物どうしが相互に適応していたり、物理的条件に適応している例に言及したことにも、説明したことにもならないからだ。

つまり、変化や相互適応を遂げた手段に関して明快な洞察を与えることがとても重要なのだ。私は観察を開始するにあたり、家畜化された動物や栽培植物を注意深く研究することが、種の起源という曖昧模糊《あいまいもこ》とした問題を理解する最高の機会を提供してくれると考えた。案の定、私の予想は当たっていた。この問題に関しても、他の同じくらい込み入った問題に関しても、飼育栽培下における変異に関する現在の知識が、不完全な状態ではあるものの、もっとも有益で確実な手がかりを提供してくれることを常に実感してきたからだ。一般にナチュラリストは、飼育栽培下にある生物の研究を無視しがちである。しかしこれこそきわめて価値の高い研究であるというのが私の信念であり、そのことを声を大にして言いたい。

こうした理由から、本書の第1章では、「飼育栽培下における変異」について論じる。第1章では、大量の遺伝的変更が生じることは少なくとも可能であることを示す。また、それ以上に重要とも言えるのが、微細な変異を人為的に少しずつ「選抜」することで、どれほど大きな変異を蓄積できるかも明らかにすることだろう。その上で第2章では、自然状態にある種における変異の生じやすさについて論じるつもりなのだが、残念なことに、この問題については手短にしか扱えない。十分に論じるためには、大量の事実を丹念に紹介しなければならないからである。それでも、変異にとってはどのような状況がもっとも好都合かということは論じることができる。

第3章で論じるのは、この世のすべての生物が、指数関数的な高い増加率をもつ結果として経験することになる「生存闘争」である。これは、マルサスの原理を動物界と植物界の全体に適用した議論である。どの生物種でも、生き残れる以上の数の子どもが生まれてくる。しかもその結果として、生存闘争が繰り返し起こる。こうした状況下では、自分自身の生存にとって少しでも利益となるような変異をそなえた個体は、たとえそれがいかに小さな変異であっても、複雑で変化しやすい環境下において生き残る可能性が高くなるはずであり、自然によって選抜されることになる。遺伝という強固な原理により、どんなものであれ選抜された変異は、変化した新しい種類を広める上で役立つことになる。

これは「自然淘汰《とうた》」という重要なテーマであり、第4章で詳しく論じるつもりである。そこでは、自然淘汰が、あまり改良されていない種類の生物を「絶滅」させる一方で、私が「形質の分岐」と呼ぶ現象が引き起こす仕組みを検討する。第5章では、あまりよくわかっていない複雑な法則である、変異の法則と成長の相関作用に関する法則について論じる。

それに続く四つの章では、この学説に対してすぐに思いつくきわめて重大な難題に目を向ける。第一の難題は移行の問題。すなわち、単純な生物や単純な器官が高度に発達した生物や精妙に構築された器官へといかにして変化し完成させられるかを理解できないという点である。第二の難題は「本能」、すなわち動物の心理的能力の問題である。第三の難題は「雑種形成」の問題。すなわち、種間の交雑〔遺伝的なタイプが異なる個体間での受精や受粉、すなわち交配を交雑という〕は不稔《ふねん》（不妊）であるのに対し、変種間の交雑では稔性（妊性）があるのはなぜなのかが問題となる。第四の難題は「地質学の記録に見られる不完全さ」である。

第10章では生物が時代と共に変化し、地質学的な系列をなしていることについて考察する。第11章と第12章では生物の空間的、地理的分布について論じ、第13章では生物の分類について論じる。すなわち、成体と胚発生の段階双方における類似性の問題である。最後の章ではすべての章を簡潔に振り返ると同時に、いくつかの結論を提示する。

種と変種の起源に関して未だ説明できないことはあまりにも多い。しかし、身のまわりに生息する生物すべてについて、それら相互の関係をわれわれはいかに知らないかということを考えてみてほしい。そうすれば、残された未解決の問題が多いことも、それほど驚くべきことではないはずだ。ある一つの種は分布域も広く生息数も多いのに対し、それと同類の別の種は分布域が狭く個体数も少ない理由は、誰にも説明できない。それでも生物相互の関係はきわめて重要であると思う。この世のすべての生物の現在の繁栄と、将来における成功と変化を左右する鍵をにぎっているのが、ほかならない生物相互の関係であると信じるからだ。

過去のさまざまな地質年代に生息していた無数の生物の相互関係に関しては、現生生物以上にわかっていない。不明な点は未だ多く、今後も容易には解明されないだろう。しかし私は、入念な研究を重ね、できるかぎり公平な判断を下した結果、明快な結論を抱くに至った。すなわち、個々の生物種は創造主によって個別に創造されたという創造説の見解は、大半のナチュラリストが受け入れ、私自身もかつては受け入れていたが、明らかに誤っているという結論である。種は不変ではない。同じ種の変種とされているものは、その種の子孫である。それと同様に、同じ属とされている種は他の、たいがいは絶滅している種の直系の子孫なのである。さらには、「自然淘汰」は生物種に変更をもたらす、唯一ではないが主要な手段である。私はそう確信している。

第１章　飼育栽培下における変異

変異の原因――習性の影響――成長の相関作用――遺伝――飼育栽培変種の形質――変種と種を区別することの難しさ――一種あるいは複数の種からの飼育栽培変種の起源――飼いバトの差異と起源――昔から踏襲されてきた選抜の原理とその結果――丹念な選抜と無意識の選抜――飼育栽培品種の起源が不明なことについて――人間が選抜を行なう上で有利な状況

変異の原因

長年にわたって飼育栽培されてきた植物や動物において、同じ種類の変種や亜変種に属する個体を見比べてみよう。そのときにまず最初に気づく点は、野生状態にある同一種や同一変種の個体間に見られる変異よりも、飼育栽培されている変種や亜変種の個体どうしのほうが一般に変異がはるかに大きいということだろう。つまり野生状態とは大きく異なる気候条件や飼育栽培条件の下で育てられ、世代を重ねる中で変異を増大させてきた動植物の多様性のほうがとても大きいのだ。

飼育栽培種の変異のほうが大きい理由は単に、野生状態で原種がさらされていた環境条件よりも飼育栽培条件のほうが多様である上に、ある意味で異質であるためなのだろうと結論したくなる。また、飼育栽培種が変異に富むのは、食物を過剰摂取していることとも関係している可能性があるという、アンドリュー・ナイトの説にも一理あるような気がする。どうやら、生物がそれなりの量の変異を起こすには、何世代かにわたって新しい生活条件にさらされる必要がありそうだ。さらにそれに加えて、いったん変異を生じ始めた生物は、一般に何世代にもわたって変異を生じつづけるのだろう。その証拠に、変異を生じやすい生物が飼育栽培下で変異を生じなくなったという例は記録にない。たとえば小麦のように古い歴史をもつ栽培植物からも、未だに新しい変異体が得られる。とても古い時代から飼われている動物にしても、未だに短期間での改良や変更が可能である。

変異を生じさせる原因は一般に成長過程のどの段階に作用するのかについては、その原因はさておき、論争の的となってきた。そのタイミングは胚発生の初期なのか、それとも後期なのか、あるいは受精の瞬間なのかをめぐって意見が分かれてきたのだ。ジョフロア・サンチレールは、胚に不自然な処理をすると奇形が生じることを実験で示している。しかも、奇形と単なる変異とのあいだに明確な一線を引くことはできないという事実もある。それでも私は、もっとも頻繁に変異を生じさせる原因は、親の生殖因子が受精前に影響を受けることにあるのではないかという気がしてならない。

そう考える理由はいくつかあるが、第一の理由は、人間が栽培したり囲いに閉じ込めて飼ったりすると生殖器官の機能が大きな影響を受けるという事実だ。生殖器官は、生物体の部位のなかでは生活条件のちょっとした変化にいちばん敏感なようだ。動物を飼いならすこと自体はとてもたやすいが、囲いの中に閉じ込めた状態で自由に繁殖させることほど難しいことはない。雄と雌の交尾まではうまくいっても、出産にまでは至らない場合が多いのだ。原産地で、しかも放し飼いに近い状態で長く飼われているにもかかわらず、繁殖しない動物のなんと多いことか。一般にその原因は本能の低下にあるとされている。しかし栽培植物でも、とても元気に成長しているのにめったに種子をつけなかったり、まったくつけないものが多い。ごく少数の例ではあるが、成長段階のある特定の時期に水やりがほんの少し多いとか少ないなど、じつに些細な状況の変化が種子をつけるかどうかを決めるという事実も確認されている。この奇妙なテーマに関して私は詳細な資料を大量に収集しているのだが、それをここで紹介することはできない。それでも、囲いに閉じ込められた動物の繁殖を決定している法則がいかに個別的なものであるかを示す例を紹介しよう。

肉食動物は、たとえ熱帯産のものでも、英国ではほぼ支障なく繁殖する。例外はクマ科の動物である。一方、猛禽類《もうきんるい》ではほぼ例外なく、卵を産んでも雛が孵《かえ》ることはめったにない。外来植物の多くはまったく稔性のない花粉をつける。これは、多くの雑種が示す不稔性とまったく同じ状態である。

飼育栽培下にある動植物でも、虚弱だったり病気がちだったりするにもかかわらず、囲いや農地でもかなり自由に繁殖する例がある。その一方で、生殖能力を失っている例もある。たとえば、若いときに捕まえられた野生動物なのに、完全に飼いならされて長生きし、健康状態もよい（これについては多数の例をあげられる）にもかかわらず、よくわかっていない原因で生殖器官が著しく損なわれてうまく機能しなくなっていたりするのだ。そうした例を見るにつけ、飼育栽培下における生殖器官の機能のしかたは不規則であり、しかも親に似ていない変異した子どもが生まれやすいことは、それほど驚くことではないと思う。

不稔で種子が実らなければ園芸は成り立たないと言われている。しかし、考えてみると、不稔を生じさせる原因と変異を生じさせる原因は同じであり、変異が生じればこそ、菜園は選りすぐられた品種で満ちているのだ。一方、生物によってはきわめて不自然な条件下でも支障なく繁殖するものがいる（たとえば檻の中で飼われているウサギやフェレット）。つまりその生殖器官は大した影響を受けていないわけだ。ということは、ある種の動物や植物は飼育栽培という不自然な条件に耐え、おそらくは野生状態とほとんど変わらないほどわずかな変異しか生じないのだろう。

植物の芽や分枝が元の茎や枝とは大きく異なる形状をとるようになる現象を、園芸の世界では「枝変わり」と呼んでおり、そうした例はいくらでもある。そのように変異した芽は、接木《つぎき》で殖やせるし、種子で殖やせる場合もある。そうした「変わりもの」は、野生状態ではきわめてまれだが、栽培下では珍しくない。枝変わりが生じる原因は、元の植物体に加えた処置が芽や分枝に影響を及ぼしたせいであって、胚珠《はいしゅ》「動物の卵子にあたる」や花粉が影響を受けたわけではない。しかし大半の生理学者は、形成段階のごく初期の芽と、種子の元である胚珠とのあいだに本質的な違いはないと考えている。そうなると、枝変わりという現象により、変異が生じる原因の大半は胚珠か花粉、あるいはその両方にあるのであって、それらが受粉する前に親植物が受けた処置に影響された結果なのであるという私の説が裏づけられることになる。いずれにしろこれらの例は、一部の研究者の主張とは違い、変異は生殖行為と結びついて起こるとは限らないことを教えている。

同じ果実の種子から芽生えた植物や、同じ母親からいっしょに生まれた動物の子どもでも、互いにかなり異なっていたりする。ただしこれと同じことは、ミューラーが指摘しているように、親と子がまったく同じ生活条件にさらされている場合でも起きる。これらの事実は、生活条件という直接の影響が、生殖の法則や成長の法則、遺伝の法則と比べるとさして重要ではないことを物語っている。なぜなら、生活条件が直接的な作用を及ぼすとしたら、生まれる子どもの変異のしかたはすべて同じであってもよさそうなものなのに、実際はそうではないからだ。

何らかの変異が起きている場合、熱、湿度、光、食物等々がどれほど直接的な影響を及ぼすかを判断することはきわめて困難である。私の印象を言わせてもらうなら、動物に関しては、そのような要因は直接的な影響をほとんど及ぼさないようだ。一方、植物に対する影響はもっと大きいように思える。そう考えると、バックマン氏が植物を使って行なった最近の実験は大いに価値がありそうだ。ある条件下に置かれたすべての、あるいはほとんどすべての個体が同じ作用を受けた場合、一見すると、それはその条件の直接作用の結果であるように思える。ところが、正反対の条件にさらしても前者と似たような形態変化が生じる場合があることが証明されたのだ。それでもなお私は、生活条件が直接的に作用した結果としてわずかな変化が生じる場合もあると考えている。食物の量によってサイズが増大したり、特定の種類の食物や光によって体色が変化したり、気候のせいで体毛が密になったりする例がそれにあたる。

習性の影響

習性にも変異を起こす上で決定的な影響力がある。ある場所から気候条件が異なる別の場所に植物を移植すると開花期が変化する場合などだ。動物だと、その影響はさらに顕著である。たとえば私は、家禽であるアヒルと野生のカモを比較すると、全骨格の重量に対する翼の骨の重量比はアヒルのほうが小さく、脚の骨の重量比はカモのほうが小さいという事実を見つけた。このような変化は、原種にあたるカモに比べるとアヒルはほとんど翼を使わない一方で、歩く量が増えたためであると考えてまず間違いないだろうと思われる。習慣的にウシやヤギの乳を搾っている地方では、乳を搾らない地方に比べて家畜の乳房が遺伝的に大きく発達している。これも、使用頻度が形態に影響を及ぼす例である。家畜には必ず、耳が垂れている品種がいるものだ。耳が垂れているのは、耳の筋肉を使わなくなったためであり、それは危険を察知するために耳をそばだてる必要がなくなったからだという説があるが、それは理にかなっているように思える。

成長の相関作用

変異を制御している法則はたくさんある。そのうちでおぼろげながら理解できるいくつかについて、これから手短に述べよう。しかしとりあえずここでは、成長の相関作用と呼べそうな法則についてのみ、軽く触れておく。胚あるいは幼生で生じた変化ならば、ほぼ間違いなく成体にまで持ち越されるだろう。奇形では、まったく別個の部位間で成長の相関作用が見られる点が好奇心をそそる。この分野におけるイシドール・ジョフロア・サンチレールの偉大な研究が、そうした例を数多く提示している。

動物の育種家たちは、脚が長い場合にはほぼ必ず頭も長くなっていると信じている。こうした成長の相関作用の例のなかには、きわめて奇抜なものもある。たとえば、眼の青いネコは、例外なく耳が聞こえない。体色と体格に見られる特徴は相互に関連しており、動物でも植物でも、顕著な例がたくさん見つかる。ホイジンガーが集めた事実を見ると、ある特定の植物毒に対する白いヒツジやブタの反応は、体色が白くない個体が示す反応とは異なっているようだ。無毛のイヌの歯並びは不完全である。毛の長い動物や毛がごわごわしている動物は角が長かったり、角の数が多い傾向があるとされている。足が羽毛で覆われているハトは、外側の足指の間に皮膚が発達している。くちばしの短いハトは足が小さく、くちばしの長いハトは足が大きい。こうしたことがあるため、人為的な選抜を行ない、奇抜な特徴を増大させようとすると、目的としていない部位まで意図しないまま変えてしまうことになりがちである。これは、成長の相関作用という謎めいた法則のせいなのである。

遺伝

変異をもたらす法則は種類が多そうなのだが、その実態はまったくわかっていないか、おぼろげにしかわかっていない。しかもそうした法則がもたらす結果は、とんでもなく複雑で多岐にわたっている。ヒアシンス、ジャガイモ、あるいはダリアなど、古くから存在する栽培植物に関する研究報告のなかには注意深く調べてみる価値のあるものがある。そうした報告を調べると、変種どうし、亜変種どうしを比べると、形状や体質の面で少しずつ異なる側面が無数に存在することを知って驚くことになる。体制［生物体の構造の基本的な様相］全体が変異しやすくなっているらしく、祖先のタイプからわずかずつ離れていくように見えるのだ。

遺伝しない変異は、われわれにとっては無意味である。しかし、形状に見られる遺伝的な変異は、些細なものも、生理学的にかなり重要なものも、その数と多様さは無限に近い。プロスパー・ルーカス博士が著した全二巻の研究書は、このテーマを扱ったものとしてはもっとも充実した最高の成果である。とにかく、遺伝の傾向が強いことを疑う育種家はいない。同類から同類が生まれるというのが、育種家の基本的な信念なのだ。この原理に疑問を投げかけているのは、理論をもてあそぶ研究者くらいなものだ。

ある変異が出現するのはそれほどまれなことではなく、しかも親と子に同じ変異が見られる場合、それが親と子の双方にそもそも同一の原因が作用した結果なのかどうかは確言できない。しかし、見た目にはすべて同じ環境条件にさらされた個体のなかで、複数の環境条件が異例な重なり方をしたことによって、それこそ何百万個体に一つの割合できわめてまれな変異が親に出現し、しかも同じ変異が子にも出現したとしたらどうだろう。これは確率の法則からいって、遺伝したのだと言うしかない。白皮症、鮫肌、多毛症などが同じ家族の複数の成員に現れる例はよく知られている。まれにしか見られない奇妙な形態変異がほんとうに遺伝的なものだとしたら、それほど珍しくない変異については遺伝的なものであると、無条件で断言してさしつかえないかもしれない。いやむしろ、どんな形質であれ遺伝するのが規則で、遺伝しないのは異例なことだと見なすのが正しい見方なのかもしれない。

遺伝を司る法則についてはまったくわかっていない。同種の別個体、あるいは別種の個体間に見られるまったく同じ特徴が遺伝したりしなかったりする理由は誰にもわかっていないのだ。生まれた子の特徴が、親ではなく祖父母やさらに遠い祖先に似る、いわゆる先祖返りがしばしば生じる理由もわかっていない。片方の性に見られた特徴が両方の性に伝わったり、片方の性だけに伝わったり、それもたいていは同じ性に伝わったりする理由もわかっていない。家畜品種の雄だけに現れる特徴が片方の性だけ、しかもたいていは雄だけに伝わるという事実は、われわれにとってはさほど重要ではない。それよりもはるかに重要で、しかも規則性があると思われる現象は、個体の成長段階のある時期に初めて現れた特徴が、子孫でもそれに相当する時期よりもいくらか早い時期に現れる傾向があるということである。ただし、その時期にしか現れないという例も多い。たとえば後述するように、ウシの角に見られるユニークな遺伝的特徴は、成熟間近の子にしか現れない。あるいは、カイコのユニークな遺伝的特徴も、それに相当する幼虫時期か、蛹《さなぎ》の時期にしか現れないことがわかっている。

しかし、遺伝病やその他いくつかの事実から、私は、この規則はもっと広く当てはまると確信している。しかも、ある特定の成長時期にしか特異性が現れないことに関して明確な理由がすぐには思い当たらない場合でもなお、親の特異性が子に現れる時期は、親で最初に現れた時期とほぼ一致する。この規則は、胚発生の法則を説明する上でもきわめて重要であると、私は信じている。もちろんここで述べていることは、特異性が初めて現れる場合に限られるものであり、卵子や精子に作用するそもそもの原因に関することではない。短角の雌ウシと長角の雄ウシとをかけあわせて得られた子の場合のように、長角という形質は成長段階の後期に出現する特徴であり、明らかに雄の因子に左右されている。

飼育栽培変種の形質

これは前述した先祖返りという問題とも関係するので、ナチュラリストの間でしばしば言われていることに触れておいたほうがよいかもしれない。飼育栽培変種を野放しにしておくと、徐々にではあるが原種の形質を確実に取り戻すというのだ。そしてそれを根拠に、飼育栽培品種から得られた知識から野生種に関する推論を引き出すことはできないと言われてきた。そこで私は、多くのナチュラリストのそのような発言がこれほど頻繁に、しかも声高になされる根拠とされた決定的な事実は何なのかを突き止めようと努力したのだが、結局何も見つからなかった。そうした発言が真実であることを証明するのはきわめて困難だろう。せいぜいのところ、飼育栽培化が大いに進んだ変種の大多数は野生状態では生存できそうにないと結論できる程度だろう。

原種が特定されている例は多くない。したがって、飼育栽培変種を野放しにしたことで先祖返りが起こったとしても、それがほんとうの先祖返りかどうかは断言できないだろう。この場合、交雑の影響を防ぐために、単一の変種だけを野放しにする実験設定も必要となる。それでも、飼育栽培変種の一部の形質が祖先のものと同じ形質に戻るというのはたしかにたびたびあることである。したがって、たとえばキャベツなど、いくつもの品種をきわめてやせた土地に移植することに成功し、何世代にもわたって栽培できたとしたら、それらは野生の原種状態へと、かなり、あるいは完全に戻ってしまうかもしれない（ただしこの場合、やせた土壌の影響は無視できない）。

そうした実験がうまくいくかどうかは、ここでの議論の流れにとってさして重要ではない。それというのも、生活条件が実験そのものによって変えられてしまうからだ。飼育栽培変種を一定の条件下に、しかもかなりの数をまとめて飼育栽培し、自由に交配させることで、形質の偏りが生じることが防げるとしよう。そういう条件を整えた上でもなお、先祖返りの傾向を強く示し、獲得していた形質を失うということが起こるとしたら、飼育栽培変種から得た知識を基に種の起源について論じることなどいっさいできないだろう。私もそれは認める。しかし、そういうことが現実に起こるという証拠は微塵《みじん》も存在しない。だいいち使役用のウマや競走馬、短角あるいは長角のウシ、さまざまなニワトリの品種、食用野菜の数々の品種をこの先もずっと維持することはできないとか、いずれは原種に戻ってしまうだろうなどと主張するとしたら、それはあらゆる経験に反することになる。さらに付け加えるなら、自然条件下では生活条件が変化する中で、形質の変異や先祖返りが起こっていると思われる。しかしその場合でも、後に説明するように、そうやって生じる新しい形質がどこまで保存されるかは、自然淘汰によって決定されることになる。

変種と種を区別することの難しさ

育種によって作られた飼育動物や栽培植物の変種や品種を調べ、それらをきわめて近縁な種と比較すると、すでに指摘したように、一般に個々の飼育栽培品種よりも野生の種に見られる形質のばらつきのほうがふつうは少ない。それに加えて飼育栽培品種のほうには、いささか奇異な形質が見られる場合も多い。つまり、同じ種の異なる品種間で比較した場合でも、同じ属の別種間で比較した場合でも、いくつか細かい違いが見つかるだけでなく、ある部位だけ極端に異なっている場合が多く、しかもその傾向は、ごく近縁な野生の種すべてと比較した場合のほうがよく目立つということなのだ。この点（それと後に論ずるように、変種どうしの交雑では完全に稔性がある点）を別にすれば、同じ種に属する飼育栽培品種間に差異が見られるというのは、同属の近縁な野生種間に差異が見られるのと同じことなのである。違いがあるとしても、種間よりも品種間の差異のほうがたいていは小さいという程度のことでしかない。この点については事実として認められなければならないと思う。その証拠に、動物か植物かを問わず、たいていの品種はみな、熟練した鑑定家でも、異なる変種と判定していたり、別々の野生種の子孫であると判定していたりという混乱が生じているではないか。飼育栽培品種と種とのあいだの差異は、それほど小さいのだ。もし仮に両者のあいだに少しでも著しい差異が存在していれば、このような混乱が始めから存在していなかったはずである。

属を特徴づける形質が飼育栽培品種間で異なっていることはないと、しばしば言われてきた。しかし私に言わせれば、この指摘が間違っていることは証明可能だと思う。ただし、属を特徴づける形質が何かについては、ナチュラリストのあいだでも意見が大きく割れている。現時点では、そのような判断はすべて経験に頼っているからだ。その上、後ほど提示するつもりでいる属の起源に関する見解によれば、飼育栽培化した品種においても属を特徴づける形質の差異がしばしば見られるなどということは、そもそもありえないのだ。

飼育栽培品種の起源

同じ種に属する飼育栽培品種間において、それらの形態に見られる差異の量を推定しようとした場合、それらの祖先ははたして同じ一種なのか、それとも複数の別個の種なのかがわからないせいで迷いが生じることになる。この迷いが解決できれば、とても興味深いことがわかるだろう。たとえば、グレーハウンド、ブラッドハウンド、テリア、スパニエル、ブルドッグといったイヌの品種はみな、それぞれ自分と同じ種類の子を生みつづける。これほど異なる犬種がただ一つの野生種の子孫であることが証明できるとしたらどうだろう。そうなれば、たとえばキツネ類など、世界の異なる地域に生息する数多くの近縁な野生種は、いずれもみな不変であるという創造説の主張を疑う上で大きな力となるだろう。ただしこれから見ていくように、私自身は、すべての犬種は一種の野生種の子孫であるとは思っていない。しかし、いくつかの飼育栽培品種については、ただ一つの原種に由来していることを示す推定的証拠、場合によっては有力な証拠が存在している。

家畜や作物については、生まれつき変異しやすく、多様な気候に耐えやすい性質をもつものが特別に選ばれていると思われがちである。たしかに大半の飼育栽培品種については、そうした性質をもっているからこそ、大いに重宝がられているのだろう。しかし、未開人が初めて野生動物を手なずけた時点で、それらが世代を重ねるうちに変異を起こすかどうか、異質な気候に耐えられるかどうかなど、知る由もなかったはずである。ロバやホロホロチョウは変異性に乏しいし、トナカイは暑さ、ラクダは寒さへの耐性に乏しい。しかしそのことでそれらの家畜化が妨げられたわけではない。すでに飼育栽培化されている動植物と、数も同じで種類も生息地域も同じくらい多様な野生種を飼育栽培下に置き、同じくらいの世代数にわたって繁殖させることができたとしよう。それができたとすれば、既存の飼育栽培品種がその原種から変異したのと平均して同じくらいの変異が生じるのではないか。私はそう確信している。

古い歴史をもつ家畜や作物の大半については、その原種が一種なのか複数の種なのか、明確な結論を出すことはできそうにない。家畜の多起源説が大きなよりどころとしているのは、特に古代エジプトの記念碑など古代の記録においてすでに多様な品種が見られるという指摘である。しかもそうした品種のなかには、現存する品種とよく似ているものや、おそらくは同一と思えるものがあるらしい。しかし、私が思っている以上にこの指摘が事実に近いとしても、それで何が証明できるだろう。単に、現在の家畜品種は四、五千年前にはすでに存在していたということにすぎないのではないか。ただしホーナー氏の研究によれば、人類は一万三、四千年前にはすでに、ナイル川の渓谷で土器を製作するほどには文明化していたらしい。そのはるか以前に、半家畜化したイヌを飼っているティエラ・デル・フエゴ人やオーストラリア先住民と同レベルの未開人がエジプトにいなかったと、はたして誰が断言できるだろうか。

こうした問題が、はっきりと解明されることはないと思う。それでも私は、詳細は省くが、地理的な分布そのほかの理由から、イヌは複数の野生種を祖先にもっていると考えて間違いないのではないかと思っている［イヌの原種はただ一種だったというのが現在の見解である］。ヒツジやヤギに関しては、私はいかなる意見も言えない。インドのコブウシの習性、鳴き声、体形等に関するブライス氏のご教示によれば、コブウシはヨーロッパ産のウシとは異なる原種の子孫と考えられる。ヨーロッパ産のウシは、複数の野生種を祖先としていると、幾人もの有能な専門家が考えている。一方、ウマにも複数の祖先種がいると主張する専門家がいるが、私の意見は違う。その理由をここで詳しく述べることはできないが、ウマの品種については、いずれもみなただ一種の野生種の子孫であるという考えに、私はなんとなく傾いている。私が誰よりも信頼するブライス氏は、その豊富で多彩な知識を基に、ニワトリのすべての品種はインド産のセキショクヤケイ（Gallus bankiva）を共通の祖先としていると考えている。アヒルと飼いウサギはそれぞれ品種ごとに形態がかなり異なっているが、いずれの品種もみなそれぞれ一種類の野生のカモとアナウサギの子孫であることは疑いないと思う。

多くの飼育栽培品種がそれぞれ異なる野生種を祖先としているという説は、一部の著者により、ばかばかしいほど極端なまでに誇張されている。彼らによれば、特徴的な形質を維持している品種はみな、その特徴的な形質がいかに些細なものであれ、それぞれの野生種の原型を保持しているというのだ。しかしそうだとすると、ウシの原種は少なくとも二〇種、ヒツジの原種もそのくらい、ヤギの原種はヨーロッパだけでも五、六種、イギリス国内だけでも同じくらいいたことになる。一人の著者などは、イギリスにはかつて、なんと一一種もの野生ヒツジの固有種がいたと信じている。現在のイギリスに哺乳類の固有種は一種もおらず、フランスにはいるがドイツにはいないような固有種も存在しないし、その逆もまたしかりである。あるいはハンガリーやスペインなどについても事情は同じである。その一方で、それぞれの国にはウシやヒツジの固有の家畜品種が何種類かずついることを考えると、多くの家畜品種の起源はヨーロッパにあると認めねばならない。そうでなければ、個々の国々には原種となった固有種がそれほどいないのだから、家畜品種の起源はどこなのかが問題となるからだ。インドでも事情は同じである。

世界中にいる飼いイヌについても、私としてはおそらく何種かの野生種の子孫なのだろうと考えてはいるが、大量の遺伝的変異が生じてきたことは間違いないと思う。イタリアングレーハウンド、ブラッドハウンド、ブルドッグ、ブレンハイムスパニエルなどは、イヌ科野生種のどれにも似ていない。それなのにそれらの犬種に似た野生種がかつては野生で生息していたなどと、誰が信じられるだろう。すべての犬種は数種類の野生種をかけ合わせることで作り出されたものだという大雑把な言い方がしばしばされてきた。しかしかけ合わせでは、せいぜいのところ、両親の中間的なものが得られるにすぎない。それに、何種かの犬種はこの方法で作られたと説明するにしても、イタリアングレーハウンド、ブラッドハウンド、ブルドッグといったもっとも極端な犬種については、それぞれの原種がかつては野生で生息していたことを認めねばならなくなる。しかも、かけ合わせによって固有の品種を作る可能性については、誇張されすぎてきたきらいがある。好ましい形質をもっている雑種を注意深く選びながらかけ合わせを行なっていけば、たしかに品種を変えることはできる。しかし、極端に異なる品種間あるいは種間の交雑によって、そのほぼ中間的な品種が得られるかといえば、私は怪しいと思う。

サー・J・セブライトは中間的な品種を作るという目的に的を絞った実験を試みたが、あえなく失敗した。純系の二品種間の交雑で得られる子は、かなりの程度で一様か、（ハトでの私の経験によれば）ときにはどれもみなそっくりであり、結果はとても明瞭である。ところがそうやってできた雑種どうしを何世代かにわたってかけ合わせていくと、二つとして同じ個体は得られなくなる。おまけに、中間的な品種を作るという作業はきわめて困難だったり、むしろまったく望み薄であることがはっきりしてくる。それぞれ独特な二つの品種の中間的な品種を得るには、細心の気配りと長期にわたる選抜が間違いなく必要なのだ。ところが私の知る限り、そうしたところで永続する品種が作られたという報告は存在しない。

飼いバトの差異と起源

飼いバトの品種について——特殊なグループを研究するのが最善の方法と思い、私はよく考えた末に、飼いバトに的を絞った。私は手に入れられる限りの品種を飼うと同時に、世界各地から剝製標本の寄贈を受けた。なかでもインドのＷ・エリオット氏とペルシアのＣ・マレイ氏には特にお世話になった。ハトに関しては各国語の文献が出版されており、そのなかにはかなり古く重要なものもある。私は何人もの著名な愛鳩家と知り合いになったほか、ロンドンの二つの愛鳩クラブへの入会を許された。

ハトの品種の多様さには目を見張らされる。イングリッシュキャリアーと短面のタンブラーとを比べれば、くちばしに見られる違いと、それに伴う頭骨の違いに驚くはずだ。イングリッシュキャリアー、それも特にその雄は、頭部にみごとな肉だれが発達しており、それに伴ってとても長く伸びたまぶた、大きな鼻孔、大きく開く口などが目立つ。短面のタンブラーは、くちばしの外形が小鳥のように短くて小さい。ふつうのタンブラーは、密集隊形の群れをつくって空高く舞い上がり、空中で宙返りをするという奇妙な遺伝的習性をもっている。

ラントはとても大型で、長くて頑丈なくちばしと大きな足をもっている。ラントの亜品種［品種よりも下の分類区分］のなかには、頸がとても長かったり、あるいは翼と尾がとても長かったり、または尾が著しく短いものなどがいる。バーブはイングリッシュキャリアーに近いが、くちばしはイングリッシュキャリアーよりも短くて幅が広い。パウターは体と翼と脚がとても長い。パウターの嗉嚢《そのう》［食道の一部が拡大した器官。ハトはここからピジョンミルクと呼ばれる栄養物を分泌し、ひなに与える］は巨大で、それを膨らませて誇示する姿は見ものではあるが笑いを誘うポーズでもある。タービットは円錐形の短いくちばしをもっており、胸の部分の羽毛が一列だけ逆立っている。タービットには、食道の上部をいつもやや膨らましている習性がある。ジャコビンは、襟の部分の羽毛が著しく逆立ち、まるでフードのようになっている。しかも、体のサイズの割には翼と尾が長い。トランペッターとラッファーは、それぞれ独特の鳴き声をしている。ハト科の鳥の尾羽は一二枚か一四枚がふつうなのに、ファンテールは尾羽の枚数が異常に多く、三〇枚だったり四〇枚だったりする。ファンテールはその尾羽をいつも広げて直立させており、頭と接するほど尾羽を立てている鳥が良いとされる。この品種では脂肪腺が未発達に終わっている。そのほか、特徴がそれほど顕著ではない品種もいくつか挙げることができる。

いくつかの品種の骨格を比べると、顔の骨の発達が、長さ、幅、カーブのしかたなどの点で著しく違っている。下顎の骨である下顎枝は、形だけでなく幅と長さも著しく異なっている。尾骨や仙骨の数にも差異がある。肋骨の数、その相対的な幅や突起のあるなしにも変異が見られる。胸骨の開口部のサイズと形状にも大きな変異があり、鎖骨の開きぐあいとその相対的なサイズにも大きな変異がある。そのほか口の大きさの相対的な幅、まぶたや鼻孔や舌（くちばしの長さと厳密に相関しているとは限らない）の相対的な長さ、嗉嚢や食道上部のサイズ、脂肪腺の発達ぐあいないし未発達ぐあい、初列風切り羽《しょれつかざきばね》と尾羽の枚数、翼と尾の相対的な長さおよび体長との相対的な長さ、脚や足の相対的な長さ、足指にある鱗片《りんぺん》の数、足指のあいだの皮膚の発達ぐあいなどといった、形態面の特徴にはいずれもみな変異が見られる。羽毛が完全に生えそろう時期にも変異があるし、孵化《ふか》した雛の体を覆っている綿羽の状態にも変異がある。卵の形状とサイズにも変異がある。飛び方にも著しい違いがあるし、鳴き声や気質に特徴のある品種もいる。最後に、一般にハトでは雌雄の違いがないはずなのに、品種によっては雌雄でわずかな違いを生じているものもいる。

ハトの品種を鳥類学者に見せ、どれもみな野生の鳥だと告げたとしたら、少なくとも二〇種に分けることだろう。それどころか、イングリッシュキャリアー、短面のタンブラー、ラント、バーブ、パウター、ファンテールなどを同じ属として分類する鳥類学者はいないのではないかと思う。ことに、それらの品種のなかの、特徴的な形質を遺伝しつづける亜品種を見せたとしたら、鳥類学者はそれらを同属の別種としかねない。

飼いバトの品種間に見られる差異はこれほどまでに大きいわけだが、それでも私は、ナチュラリストたちの共通した見解は完全に正しいと確信している。それは、すべての品種はカワラバト（Columba livia）ただ一種の子孫であるという見解である。ただしカワラバトと呼ばれるハトは何種類かの地理的品種、すなわち亜種を含んでおり、それぞれちょっとずつ異なっている。私がそう確信する理由のうちのいくつかは、他の事例に関してもある程度当てはまるので、ここで手短に述べることにしよう。

いくつかの品種が変種ではなく、カワラバトの子孫ではないとしたら、それらは少なくとも七種か八種の野生の原種の子孫でなければならない。現在の飼いバトの品種を、それ以下の数の原種のかけ合わせによって作ることは不可能だからだ。たとえばパウターを二つの品種のかけ合わせによって作るとしたら、元となる一方の品種は、パウターの特徴である巨大な嗉嚢の持ち主でなければならない。想定される複数の原種はみな、樹上には巣を造らず、木の枝にはとまりたがらない、岩棚を好むハトでなければならない。ところがカワラバトの地理的品種を除けば、岩場を好む野生のハトは二、三種しか知られていない。しかもそれらには、飼いバトの形質がいっさい見られない。

そうなると、想定されるカワラバト以外の原種は、最初に家禽化された土地に現存しているのに、鳥類学者にまだ発見されていないか、野生種はすでに絶滅してしまったかのいずれかということになる。しかし、ハトの大きさ、習性、目立つ特徴を考えると、前者の可能性はおよそありえない。また後者の可能性に関しても、岩棚で繁殖し、飛行も巧みな鳥が、そう簡単に根絶されるとは思えない。しかも飼いバトと同じ習性をもつ野生のカワラバトは、イギリスの小さな島や地中海の海岸でも、絶滅することなく繁殖している。

そういうわけで、カワラバトとよく似た習性をもつ何種もの原種が絶滅してしまったと考えるのは、およそ無茶な想定だろう。しかも、名前をあげた飼いバトの品種は世界中に持ち込まれており、たまたま原産地に戻されたものがあってもいいはずである。ところが、カワラバトをちょっと変えただけのドバトがあちこちで野生化しているだけで、それ以外の品種が野生化した例はいっさい知られていない。繰り返すが、近年の経験から、野生動物を飼育下で自由に繁殖させるのはきわめて困難であることがわかっている。それなのに飼いバト多起源説に従うならば、少なくとも七種か八種の野生種が、古代のあまり文明化していない人間の手によって禽舎の中でどんどん繁殖できるほどまでに家禽化されたものが飼いバトの個々の品種である、ということになる。

他の事例にも適用可能できわめて重要であると思われる論拠をあげよう。名前をあげた飼いバトの品種はみな、体質、習性、鳴き声、羽色、おおよその体形が野生のカワラバトとおおむね一致しているものの、それ以外の形態面ではそれぞれきわめて異常なのだ。ハト科という大きなグループを見渡しても、イングリッシュキャリアー、短面タンブラー、バーブなどのような特異なくちばし、パウターの嗉嚢、ジャコビンの逆立った羽毛、ファンテールの尾羽などは、他に例を見ない特徴である。したがって、古代のあまり文明化していない人間が、七、八種の野生種を完全に家禽化することに成功しただけでなく、意図的だったのか偶然だったのかはわからないが、きわめて異常な種をわざわざ選んだと仮定しなければならない。おまけにそれらの原種は、その後ことごとく絶滅したか、行方不明になったことになる。私に言わせれば、これほど多くの奇妙な偶然が重なるなどということは、およそありえない話だ。

飼いバトの羽色に関しては考察に値する事実がいくつかある。カワラバトは、体は灰青色で腰は白く（ストリックランドが記載したインド産の亜種 C. intermediaの腰は青っぽい）、尾の先端には黒い帯があり、外側の羽の基部は白く縁取られている。翼には二本の黒帯がある。ただし、一部の半家禽品種と野生の品種と思われる個体の翼には、二本の黒帯のほかに黒い市松模様がある。ハト科の他の野生種でこうした羽色の特徴がそろって見られる例はない。それに対して飼いバトの品種には、飼育条件の良い個体ならば、尾羽の白い縁取りまで含めてこれらすべての特徴が、場合によっては完全に出現している。

さらには、体の羽色が灰青色でなかったり、先の特徴のどれもそなえていない二つの異なる品種をかけ合わせると、交雑によって生まれた子にはカワラバトのそうした特徴が突如として出現したりする。たとえば私の経験を紹介すると、純白のファンテールと真っ黒なバーブをかけ合わせたところ、褐色と黒のまだら模様の子が生まれてきた。次いで、それらの個体どうしをかけ合わせてみた。すると、純白のファンテールと真っ黒なバーブの孫は、灰青色の体に白い腰、二本の黒い翼帯《よくたい》、黒い帯と白い縁取りの尾羽をもつ美しい個体になった。まさに野生のカワラバトと同じ羽色になったのだ。

こうした事実は、飼いバトのすべての品種はカワラバトただ一種の子孫だとすれば、祖先形質への先祖返りというよく知られた現象として理解できる。しかしカワラバト単一起源説を否定するとしたら、ほとんどありえない二つの仮説のどちらかを採用せざるをえなくなる。一つは、現在の品種の原種にあたる複数の野生種のすべてがカワラバトと同じ羽色と模様をもっていたため、別個の品種でもみな同じカワラバト型の羽色と模様に先祖返りする傾向があってもおかしくないという仮説。ただし、現存するカワラバト以外のハトの野生種で、カワラバトと同じ羽色と模様をもつものはいないという事実が苦しい。もう一つは、どの品種も、いちばんの純系品種も含めて、過去一〇世代ないしはせいぜい二〇世代の間にカワラバトと交雑しているという仮説である。ここで一〇世代ないし二〇世代以内という具体的な数字をあげた理由は、それ以上前の先祖に先祖返りする例は知られていないからである。

異なる品種と一度しか交雑していない品種では、その交雑相手から引き継いだ形質への先祖返りのしやすさが、世代を重ねるほどどんどん少なくなっていくはずである。交雑によって導入された血は、当然のごとく世代を経るほど減っていくはずだからである。一方、異なる品種との交雑歴はなく、しかも両親共に、何世代か前に失われてしまった形質に先祖返りする傾向が残っているとしたら、一見矛盾するように思えるかもしれないが、その傾向はずっと先の世代まで減少することなく受け継がれていく可能性がある。これら二つの可能性は別個の話であるのに、遺伝の論文ではしばしば混同されている。

最後に確認しておくと、飼いバトのすべての品種間の交雑で生まれる雑種個体やその雑種どうしの交配で生まれた個体には、完全な繁殖能力がある。これは、遠くかけ離れた関係にある品種どうしを意図的にかけ合わせる実験を行なった私自身の経験から言えることだ。ところが、明らかに異なる動物どうしを交雑させて生まれた子が完全に生殖可能だったという例をあげることは困難であるばかりか、おそらく不可能である。研究者のなかには、家畜化が長く続けば、交雑によって不妊となる強い傾向は消えると信じている人もいる。これを支持する実験は一例も知られていないものの、イヌの家畜化の歴史を見ると、ごく近縁な種間の交雑についてはこの仮説にも一理はあるような気がする。しかし、現在のイングリッシュキャリアー、タンブラー、パウター、ファンテールと同じくらい大きな違いをもともと備えていた野生の原種がかつていたとして、それらのあいだでも完全に生殖可能な雑種が生まれたはずだというところまでこの仮説を押し進めるのは、極端に走りすぎだろう。

飼いバトの起源に関するこれまでの議論をまとめてみよう。古代の人が七種ないし八種のハトの原種を入手し、それらを飼育下で自由に繁殖させたということはありそうにない。そんな複数の野生種の存在は知られていないし、それらが野生化している場所もどこにもないからだ。そのような野生種がほんとうにいたとしたら、それらはハト科の他のどの種と比較してもある面できわめて異常な形質をもつ一方で、カワラバトにはとてもよく似ていたはずである。それと、カワラバトと同じ灰青色とさまざまな羽色の特徴は、飼いバトのすべての品種の純系個体にも雑種個体にもたびたび出現する。しかも品種間の交雑個体には完全な生殖能力がある。以上のような理由を考え合わせると、飼いバトのすべての品種は、すべての地理的亜種を含めたカワラバトの子孫であると見て、まず間違いないだろう。

この見解を裏づけるために、いくつかの論拠を補強しておこう。まず第一に、カワラバトは現にヨーロッパとインドで飼いならされていて、しかもそれらは習性においても、形態の多くの特徴においても、すべての品種と一致している。第二に、イングリッシュキャリアーや短面のタンブラーは、一部の形質ではカワラバトと大きく異なっているものの、それぞれの品種の亜品種、それも遠い地方の亜品種を並べて比較すると、両極端の形質のあいだを埋めるほぼ完全な移行段階が見つかる。第三に、個々の品種を特徴づけている主要な形質、たとえばイングリッシュキャリアーの肉だれとくちばしの長さ、タンブラーのくちばしの短さ、ファンテールの尾羽の枚数などについては、それぞれの品種内でも顕著な変異がある。この事実をどう説明すべきかは、後ほど選抜について論じる際に明らかとなるはずである。第四に、飼いバトは多くの人に観察され、大切に世話をされ、愛されてきた。過去何千年もの間に世界のいくつもの土地で飼いならされてきたのだ。

ハトが飼育されていたといういちばん古い記録は、レプシウス教授のご教示によれば、紀元前三〇〇〇年頃のエジプト第五王朝の時代だという。しかしバーチ氏によれば、その前の第四王朝時代の献立表にハトが載っているという。古代ローマの博物誌家プリニウスによれば、ローマ時代にはハトに巨額の値がついていたようだ。プリニウス曰《いわ》く、「それどころか、ローマ人はハトの血統と品種の名を言えるほどである」。一六〇〇年頃のインドのアクバル皇帝はハトを大いに慈しみ、宮廷では二万羽を超える数のハトが飼われていた。「イランやトゥランの王侯たちは皇帝に貴重な鳥を献呈した」と、お抱え歴史家は書き残している。さらには、「皇帝陛下は、前例のない方法で品種をかけ合わせることで、それらを驚くほど改良した」という。それと同じ頃、オランダ人も古代ローマ人に劣らないほどハトに入れ込んでいた。

飼いバトに見られる変異がこれほどまでに大きいことを説明するにあたっては、ここまでの考察がとても重要である。このことについても、選抜について論じる際に明らかとなるはずだ。その際にはまた、ハトの品種がしばしば奇形とも思わせる形質をそなえているのはどうしてなのかも明らかとなる。飼いバトでは、雄と雌の同じペアが一生にわたってつがいでいるため、品種改良にとってはきわめて都合がよい。なにしろ、異なる品種を同じ鳩舎でいっしょに飼えるのだ。

ここまで、可能性として考えられる飼いバトの起源について、それでもまだ不十分ではあるが、やや長めに論じてきた。とにかく私は、自分で初めてハトを飼い、何種類かの品種を観察したとき、個々の品種がそれぞれの独特な形質をそのまま子に伝えていくことをつぶさに知り、すべての品種が共通の原種の子孫であるとはとても信じがたいと思った。たくさんのフィンチの野生種やそれ以外の鳥の大きなグループに関して、ナチュラリストが、それらはみなただ一つの原種であるという結論に達する場合も、これと同じ困難を抱くにちがいない。

私がひどく驚いたことがほかにもある。個人的なつき合いや論文を読んで知ったことだが、さまざまな家畜あるいは栽培植物の育種家たちは、一人の例外もなく、各自が世話をしている複数の品種はみな、それぞれ異なる野生の原種の子孫であると固く信じているのだ。ヘレフォード種のウシの定評ある飼育家に、そのウシは長角種の子孫ではありませんかと尋ねてみるといい。私も尋ねたことがあるのだが、その飼育家はあなたの質問を一笑に付すはずだ。ハト、ニワトリ、カモ、ウサギなどの愛好家で、それぞれの主な品種はいずれもみな別々の原種の子孫であることに疑いを抱く愛好家にはお目にかかったためしがない。

ファン・モンスはナシとリンゴに関する研究書の中で、たとえばリスボンピピンとかコドリンといったリンゴのさまざまな品種のすべてが同じ木の種子の子孫である可能性など頭から信じられないと述べている。そのように否定する理由は明白だと思う。彼らは長年にわたる研究のせいで、品種間の差異の大きさに目をくらまされているのだ。個々の品種はどれもみなわずかながらも変異を生じていることは、そうしたわずかな変異を選抜することで賞を得ている人たちなのだから、十分に心得てはいる。それなのに、広く当てはまる論拠を完全に無視し、小さな差異も世代を重ねて蓄積していけば大きな差異になることを否定しているのだ。

育種家よりも遺伝の法則についてははるかに詳しくない上に、品種改良の長い系列の中の中間的な環《わ》についてはなおさら通じていないナチュラリストでも、飼育栽培品種の多くは同じ親の子孫であることを認められるのではないだろうか。その同じナチュラリストが、自然状態にある種は別の種の直系の子孫であるという考えをばかにするとしたら、それは育種家と同じ過ちを繰り返していることになるのではないか。

選抜の原理とその結果

選抜《せんばつ》——ここで、飼育栽培品種が一つあるいは複数の近縁種から作り出されてきた手順について手短に考察することにしよう。むろん、外界の生活条件や習性の直接的な作用に帰すべき点もいくらかはあるかもしれない。しかし、そのような作用で荷役馬と競走馬、グレーハウンドとブラッドハウンド、イングリッシュキャリアーとタンブラー間などに見られる大きな差異を説明しようとすれば、大胆すぎるという批判を免れられないだろう。

飼育栽培品種に見られる注目すべき大きな特徴は、その動物や植物自身の利益ではなく、人間の使用や愛玩という目的をかなえるための適応である。人間にとって有用な変異のなかには、突然、すなわち一世代で生じたものもあるだろう。たとえば、ラシャの毛羽立てに使われるラシャカキグサの小苞《しょうほう》［穂を構成している小さなとげ状の葉］の鋭い鉤《かぎ》は、人工的にまねようとしてもとても作れない代物である。ところが多くの植物学者は、この栽培品種は野生のオニナベナの一変種にすぎず、しかもこれほどの変化にしても、実生《みしょう》［種子から芽を出した苗］の個体一代で突然生じたものだろうと考えている。あるいは、胴長短足のターンスピッツ犬やアンコン種のヒツジについてもそうだと思われる。

しかし、荷役馬と競走馬、家畜であるヒトコブラクダと野生種のフタコブラクダ、平坦な牧草地か山地の放牧場のいずれかに適合し、しかも毛の用途もそれぞれ異なるヒツジのさまざまな品種を比較した場合などはどうだろう。あるいは、それぞれ用途の異なるさまざまな犬種を比べたらどうか。同じニワトリでも、闘争心の強いシャモと、闘争心の弱い品種、卵を決して抱こうとはせずに産み続ける品種、小型で優雅なバンタムなどを比較した場合はどうか。食用ないし観賞用で用途も季節も異なる野菜、作物、果樹、花卉《かき》などのさまざまな栽培品種を比べると、それらは単に一回の変異だけで出現したとは思えないはずである。すなわち、すべての品種が、今われわれが目にしているような完全なもの、有用なものとして突然に生じたとは思えないのだ。それを証明する例はいくつもある。そうした品種の歴史を理解する鍵は、選抜を蓄積できる人間の能力にある。自然は変異を継起させるだけで、人間がそれを自分の都合のよい方向へと積み上げるのだ。この意味で、人間は自分のために有用な品種を作り出していると言ってよい。

選抜というこの原理が秘める威力は、仮説の話ではない。現に、当代の卓越した育種家たちは、自分の代だけで、ウシやヒツジの品種を大幅に変更してきたではないか。彼らが実現したことをきちんと理解するためには、この問題を扱ったたくさんの論文のなかから何篇かを選んで読んでみると同時に、作り出された動物を詳しく調べてみる必要もある。育種家たちは、動物の体をまるで思いどおり好きなように作り変えられるかのごとく語りがちである。スペースが許すならば、そうした権威者の言はいくらでも引用できる。

ユーアットは、おそらく他の誰よりも農学者の著作に通じた人物で、自身も家畜の鑑定に熟達していた。そのユーアットの言葉を引用しよう。「農学者は選抜の原理を用いることで、家畜の形質を変更できるだけでなく、完全に改変してしまうこともできる。それは、生きものを好きな形状や性質に変えてしまえる魔法の杖なのだ」。サマヴィル卿はヒツジの育種家たちが達成した成果について、「壁にチョークで理想的な姿を描いた後で、それに息を吹き込んだようなものだ」と述べている。最高の育種家であるサー・ジョン・セブライトは、ハトに関して、「どんな羽でも三年あれば作れるが、頭とくちばしだと六年かかる」と吹聴していた。ドイツのザクセン地方では、メリノ種のヒツジの品質を保つには選抜の原理が重要であることは周知の事実で、ヒツジの選抜を職業としている者がいるほどである。彼らは美術品の鑑定家よろしく、ヒツジをテーブルに載せて検分する。これを数カ月おきに三回実施し、そのたびごとにヒツジに印をつけて階級を分ける。そうやって選ばれた最高のヒツジを繁殖に使用するのだ。

イギリスの育種家が実際に成し遂げてきた成果は、優れた血統の家畜にとても高価な値段が付けられていることを見ればわかる。今やそれらは、ほとんど世界中に輸出されている。改良は、単に異なる品種をかけ合わせればよいというものではない。優れた育種家はみな、ごく近縁な亜品種間の交雑だけは例外として、そうした単なるかけ合わせには強く反対している。それでも交雑を行なう場合には、通常の場合よりもはるかに緻密な選抜が要求される。

選抜とは単に明白な変種を分離し、それを繁殖させるだけのことだとしたら、選抜の原理など特に注目するほどのこともない、当たり前の原理でしかないだろう。そうではなく、そのほんとうの重要性は、訓練されていない目では絶対に見分けられないような差異を、何代もかけて一つの方向に蓄積させることによって大きな結果を生み出すことにある。私もそのような微妙な差異を見分けようと努力したことがあったが、無駄骨に終わった。卓越した育種家になれるほどの鑑定眼を持つ人は、千人に一人もいないのだ。そのような才能に恵まれた人が育種の対象を何年も研究し、不屈の精力で研鑽《けんさん》を積めば、育種家として名を成し、すばらしい品種改良を成し遂げられるかもしれない。しかしそうした才能がなければ、成功はおぼつかない。ほとんどの人は容易には信じないかもしれないが、技量の高い愛鳩家になるだけでも、天賦の才と長年にわたる経験が必要なのだ。

園芸家が利用している原理も動物の場合と同じだが、植物では、変異の生じ方はもっと唐突である場合が多い。選り抜かれた栽培品種が、野生の原種のなかのただ一つの変異から作り出されたなどとは、誰も考えてはいない。その証拠に、そうやって作られたわけではない品種の例を挙げることができる。

たとえばとても瑣末な例を挙げると、グーズベリーの実は少しずつ大きくなってきた。花屋の花を、わずか二、三十年前に描かれた植物画と比べると、それらは驚くほど改良されていることがよくわかる。植物の品種がいったん固定されたならば、種苗家は、いちばん優良な苗を選抜するということはもうしなくなる。単に苗床をよく調べ、その品種の標準から外れた「不良実生」を引き抜いて捨てるだけである。動物の育種でも、実際にこれと同じ選抜が行なわれている。最悪の個体を繁殖させるなどという不注意を犯すほどの間抜けはまずいないからである。

植物に関しては、選抜の累積効果を評価する別の方法がある。花壇に植えられている花で、同じ種でも変種ごとにそれらの花がいかに多様であるかを比較してみるといい。それに対して菜園では、同じ変種でもその花と比べると、葉、さや、塊茎、その他の部位のほうが重視されている。果樹園では、同じ種の果実の多様性のほうが、同じ変種間の花や葉よりも重視されている。その証拠に、キャベツの葉はあんなにも違っているのに、花のほうはどれも似たり寄ったりではないか。パンジーでは、花はあんなにも違っているのに、葉はどれもそっくりである。グーズベリーでは、種類ごとに実の大きさ、色、形、毛の多少は大きく異なっているのに、花にはほとんど違いが見られない。これは、どこか一点で大きく異なっている変種どうしなのに、他の点ではまったく異なっていないということではない。そんなことはまずもって、いやおそらく決してありえないことだ。成長の相関作用の法則という、決して見過ごすべきではない重要な法則により、いくらかの違いは必ず生じるからである。しかし一般原則として、選択する部位が葉であろうと花であろうと果実であろうと、形質に生じるわずかな変異を選抜し続ければ、主としてその部位が異なる品種を生み出すことができるはずだと、私は信じている。

丹念な選抜と無意識の選抜

選抜という原理が方法として確立されてから、まだ四分の三世紀しか経《た》っていないではないかという異論もあるかもしれない。たしかに、急に注目されるようになり、選抜の効果に関する報告も増えたのは、まちがいなくここ数年のことである。その成果もそれ相応に加速され、重要性を増してきた。しかし、この原理が発見されたのは最近のことだという認識は大きな間違いである。遠い昔からこの原理の重要性が完全に認識されていた証拠は、文献からいくつでも引用できる。

英国史のなかの未開で粗暴な時代においても、選り抜かれた家畜が頻繁に輸入されると同時に、それらの輸出を禁ずる法律が制定されていたほどである。一定の大きさ以下のウマは駆逐せよと命ぜられていたのは、植物の「不良実生」を間引くのと同じようなものだ。私は、古代中国の百科全書にも選抜の原理が明記されているという事実を見つけた。あるいは古代ローマ人の著述からもこの原理を明確に述べた箇所が見つかる。創世記からも、当時から家畜の体色が注目されていたことがわかる。未開人は今でも、飼っているイヌをイヌ科の野生種と交雑させて改良しようとする。同じことが昔から行なわれていたことは、プリニウスの『博物誌』を見ればわかる。

一方、南アフリカの未開人は、荷役用のウシは同じ体色のものどうしを交配するが、イヌイット（エスキモー）のなかにも、犬ぞり用のイヌで同じことをするものがいる。リヴィングストンは、ヨーロッパ人と接したことのないアフリカ奥地の黒人が優秀な家畜をいかに大切にしているかを報告している。こうした事実のすべてが、実際に選抜が行なわれていることを教えるものではないが、家畜の繁殖には昔から注意が払われてきたし、現代のもっとも未開な人々でさえそうであることを物語るものなのである。それどころか、遺伝した形質が良い資質か悪い資質かは見た目にも明らかなのだから、繁殖に注意が払われてこなかったとしたら、それこそ奇妙な話である。

現在、卓越した育種家たちは、丹念な選抜を繰り返すことで、その土地にすでに存在する系統や亜品種よりも優れたものを作り出そうという明確な目標を視野に入れて努力している。しかしそうした目的を達成するためには、別の「選抜」のほうが重要である。すなわち、最良の家畜を所有して繁殖させるだけの、いうなれば「無意識」の選抜である。たとえば、ポインターを飼い続けたいと望む人は、当然のごとく、まずは手に入る最高のポインターを入手しようとするはずである。後は所有する最高の個体の繁殖を続けるだけである。その品種をどんどん変えていくことなどは望まないし、期待もしないはずだ。それでもそうしたやり方を何世紀も続けていけば、どんな品種でも改良され変更されるにちがいないと私は確信している。

ベイクウェルやコリンズといった著名な育種家たちは、まさにこの方法を、より丹念に行なうだけで、ウシの形態と資質を、なんと本人一代で大幅に変更させることに成功した。このような方法によってもたらされる変化は、見た目にはわからないほど緩やかである。そのため、その品種の昔の姿が実際に計測されるか正確な絵が描かれるかしていて比較が可能な場合でもなければ、変化したとはわかりようがないだろう。ただし、あまり文明が進んでいない土地に行けば、同じ品種なのに品種改良がそれほど進んでいないせいで、昔のまま変化していない個体が見つかる場合もある。

信じるにたる証拠によれば、キングチャールズスパニエルは、チャールズ国王の愛玩犬だった当時以降に、無意識の改良によって大幅に変更されている。イヌの血統に精通した権威者のなかには、セッターはスパニエルの直系の改良型で、おそらくスパニエルが少しずつ変えられたものなのだろうと確信している人がいる。イングリッシュポインターは、一七世紀に大幅に改良されたことがわかっている。しかもその改良は、主にフォックスハウンドとのかけ合わせによるものであると考えられている。しかしここで重要なのは、その変化は無意識に少しずつもたらされたものだということである。しかもすっかり改良されてしまったせいで、イングリッシュポインターの原種の一つである古いタイプのスパニッシュポインターを、原産国とされているスペインで探しても、もはやイギリスのポインターに似た原種は見つからないほどだという。これはボロー氏が自らの目で確かめ、教えてくれた情報である。

これと同じような選抜と細心の調教により、イギリスの競走馬はどれもみな、スピードにおいても体格においても、祖先であるアラブ系を凌駕《りょうが》している。そのためグッドウッド競馬場の規定では、アラブ系の負担重量が軽減されている。スペンサー卿そのほかの人たちは、イギリスのウシが昔の系統と比べて体重と成熟の早さにおいて大幅に向上したことを明らかにしている。イングリッシュキャリアーとタンブラーの特徴を記した昔の記述と現在のイギリス、インド、ペルシアに存在する品種とを比較すれば、この二つの品種が、原種であるカワラバトから無意識に改良されることで、これほど著しくかけ離れたものになるまでの段階を明確にたどることができる。私はそう考えている。

ユーアットは、選抜がもたらす結果の大きさを、みごとな例で示している。ユーアットが示している選抜の例の場合も、育種家たちは、もたらされた結果をあらかじめ予期していたわけでも希望していたわけでもない。それなのに異なる二つの系統を作出したという意味で、無意識の選抜だったと言えなくはない。ユーアットがあげている例は、バックリー氏とバージェス氏が飼育していたレスター種のヒツジに関するものだ。「それらは、ベイクウェル氏が保有していた系統から、ほぼ五〇年にわたって純粋な血統を繁殖させてきたものである。両氏ともベイクウェル氏の純粋な系統を乱すようなことはいっさいしていないことを、事情に詳しい人たちで疑う者は一人もいない。それなのに、両氏が保有するヒツジのあいだには、完全に別の変種と見なせるほどの違いが生じている」。

所有する家畜の性質は子孫に受け継がれていくとは思いつきもしないほどの未開人がいたとしよう。しかし彼らにしても、飢饉などの災難にたびたび見舞われた際でも、自分たちにとって特別に有用な個体をわざわざ殺して食べたりはしないだろう。大切に保存するのではないだろうか。そして、そうやって選り抜かれた個体は、質の劣る個体よりもたくさんの子孫を残すことになるはずである。結果的にはこの場合も、ある意味で無意識の選抜が実行されていくことになる。ティエラ・デル・フエゴ人のような野蛮な種族ですら家畜に価値を認めていることは、食べ物がなくて飢えそうになると、飼いイヌではなく老婆を殺して食べてしまうことでわかる。

栽培植物でも、パンジー、バラ、ゼラニウム、ダリアなどで現在の変種と昔の変種や原種とを比較すると、サイズと美しさの向上が認められる。つまり、その時点で最上の個体をときどき保存するだけでも、改良が徐々に進むのだ。その際、保存する個体が一目見て異なることがわかるほどの変種かどうか、あるいは複数の種や品種をかけ合わせたものであるかどうかは関係ない。

野生種の種子からパンジーやダリアの一級品がただちに得られることなど、誰も期待しないはずである。あるいは、野生のセイヨウナシの実生にメルティング質の一級品の果実が実るとは、誰も期待しないだろう。ただし、野生で生えている貧弱な実生でも栽培品種が野生化したものだとしたら、すばらしい果実を収穫できるかもしれない。そもそもセイヨウナシは古い時代から栽培されていた。もっともプリニウスの記述によれば、実の品質はきわめて悪かったようである。そのような粗悪なものから現在のようなすばらしい品種を作出した園芸家たちのみごとな技術に対する感嘆の言葉を、園芸関係の書物で見たことがある。しかしその技自体は単純なものであり、得られた最終結果に関する限り、ほぼ無意識の選抜によるものであることは間違いないと思う。すなわち、保有する最上の個体を栽培してその種子を蒔き、少しでも優れた変種がたまたま現れたなら、それを選んで栽培し云々ということを延々と繰り返しただけなのだ。

ここで忘れてはいけないのは、昔の園芸家たちは、手に入る最上のセイヨウナシを栽培していたにしても、後世の人間がすばらしい果実を食べられるようになるなどとは夢にも思っていなかったということである。それでもわれわれがこれほどおいしい果実を食べられるのは、手に入る最上の変種を選んで保存するという当然のことをした先人たちのおかげなのである。

飼育栽培品種の起源が不明なことについて

このように栽培植物は、知らぬ間に緩やかに変化することで膨大な変化を蓄積させてきた。そう考えれば、昔から花壇や菜園で栽培されてきた栽培植物の野生の原種はわかっておらず、わかりそうにもない例がたくさんあるという事実が説明できそうだ。野生の原種から現在われわれが重宝している栽培品種へと改良するのには何百年、何千年もかかったとすれば、オーストラリア、喜望峰など未だにきわめて未開な人々が住んでいる地域を原産地とする栽培植物が一つもない理由が理解できる。種数はきわめて多い土地であるにもかかわらず栽培されることになった植物が少ないのは、なぜだかわからないが、有用性に富む野生の原種がその土地にたまたま生息していないからではない。早くから文明化した地域とは違い、選抜を繰り返すことで野生種を改良し、すぐれた作物を作り出すということが、これらの地域ではなされなかったからなのである。

未開地の人々が飼育している家畜に関して言えば、少なくとも一年のうちのある時期は、家畜たち自身が自分の食物を得るために苦労しなければならないという事実を見逃すべきではない。それと、同じ種の個体でも体質や形態がわずかでも異なっていれば、飼われている地域の状況の違いによって、生存できるかできないかに差が生じやすいはずである。そうなれば、いわゆる「自然淘汰」の作用により、二つの地域で二つの異なる亜品種が別々に形成されるというケースも完全に説明できるだろう。同じ種であっても未開地の種族が飼育している家畜の変種には、文明国で飼育されている変種よりも地域ごとの差異がたくさん認められるという事実が、幾人かによって報告されている。おそらくこれについても、一部なりともその理由が説明できそうである。

飼育栽培品種の形態や習性が、人間の好みや願望にうまく適応しているのはどうしてなのだろう。この疑問については、ここまで述べてきたように、人間による選抜が重要な役割を演じてきたということを考えれば明らかである。さらには、飼育栽培品種には異常な形質をもつものが多いことや、品種間で外見は大きく異なっているのに体内の器官などはそれほど異なっていない理由も、これで理解できると思う。それは、形態や構造を変えようとしても、外から見える部分を別にすると、選抜しようがないか、きわめて困難が伴うかのいずれかだからである。人が品種の体内の形質を気にかけることなど、まずないのだ。人間が選抜できるのは、とりあえず自然がわずかながらでも提供してくれた変異だけなのである。尾羽が少しだけ異常に発達したハトがいなかったとしたら、誰もファンテールを作ろうなどとはしなかったはずである。あるいは、嗉嚢がわずかだけ異常に発達したハトがいなかったとしたら、誰もパウターを作ろうなどとはしなかったはずである。そして、形質が最初に出現した時点での異常さが際立っているほど、人の目を引きやすかったはずである。

しかし、ファンテールを作ろうとするなどといった言い方は、まず間違いなく正しくないと思う。少しだけ大きな尾羽をもつハトを最初に選抜した人は、半ば無意識、半ば入念な選抜をずっと続けることでその子孫が今のようなファンテールになるなどとは、夢にも思っていなかったはずである。すべてのファンテールの共通祖先の尾羽はおそらく一四枚で、現在のジャワファンテールや最高一七枚の尾羽をもつ別の品種と同じ程度に、羽の幅がわずかに広かったにすぎなかったのではないだろうか。また、パウターの元になった最初の個体は、嗉嚢をそれほど膨らませていたわけではなく、現在のタービットが食道の上部を膨らませる程度だったのではないだろうか。タービットのこの習性に関しては、品種の特徴とするほどではないため、それを重視している愛鳩家はいない。

愛鳩家の目を引くには、形態の著しい変異が必要であるとはかぎらない。ハトの育種家は、どんなに小さな差異でも見つけてしまうものだ。どんなにわずかな違いでも、自分の所有物の目新しさに価値を見出すのが人間というものなのだ。さらには、同種の個体間で最初に見つかったわずかな差異に認められた価値と、何代もかけて作り出された品種間に見られる同じ差異に対する価値が同じともかぎらない。ハトではさまざまなちょっとした差異が生じうるし、現に生じているが、それらは個々の品種の完璧な基準から外れる欠陥として除外されている。一方、いわゆるガチョウからは顕著な変種が生じていない。そのため、いちばん不安定な形質である羽色のみが異なるトゥールーズ種と通常の品種が、イギリスの家禽品評会では別々の品種として展示されている。

品種の変異に関するこのような見方を考えれば、家禽や家畜品種の起源や変遷に関しては何もわかっていないという、しばしば指摘されてきた事実も納得できそうだ。とはいうものの、品種とは方言のようなもので、明確な起源が存在するようなものではないというのも事実だろう。すなわち、形態がわずかだけユニークな個体を繁殖させたり、最上の個体どうしのかけ合わせに人並み以上の注意を払うことでさらなる改良を目指せば、改良された個体が周辺地域に徐々に広まっていく。しかしまだ個別の名前を付けられるほどでもなく、それほどの価値を認められているわけでもないため、その来歴に注意が払われることはない。そのようなゆるやかな過程による改良が続けられるうちに飼育される範囲も広がり、独自の価値が認められるようになると、やがて飼育されている地方で初めて呼び名が付けられたりする。

情報伝達があまり発達していない遅れた土地では、新たに誕生した亜品種が広まって認知されていく過程はゆるやかにしか進まない。ただし、新しい亜品種の価値がいったん十分に認知されたならば、私が無意識の選抜と呼んだ原理がただちにはたらき、その品種の特徴がどんなものであれ、ゆっくりと蓄積されていくことになる。もっとも、おそらく品種の好みにははやりすたりがあるため、時代によってその進行ぐあいには緩急があるだろうし、住民の文明度に応じた地域ごとの緩急もあるだろう。それでも、そのようにゆるやかで目立たない変化の過程が記録に残される可能性は恐ろしく小さいはずである、とだけは言える。

人間が選抜を行なう上で有利な状況

ここで、人間が行使する選抜の威力にとって、プラスとなる状況とマイナスとなる状況について少しだけ述べておこう。品種改良にとって、変異性が高いことは明らかに有利である。選抜の対象となる素材がそれだけたくさん供給されるからだ。単なる個体間の差異でも、細心の注意を払えば、ほとんどどんな方向にでもたっぷりと蓄積するための素材として不十分ということは全くない。しかし、人間にとって明らかに有用な変異は、ごくまれにしか出現しない。それでも、多数の個体を飼育すれば、そのような変異が出現する機会はぐんと増える。したがって大量飼育大量栽培こそが、成功の最大の鍵ということになる。

この原理に関していみじくもマーシャルは、ヨークシャーの一部地域のヒツジ飼育の現状を取り上げ、「一般に羊飼いは貧しく、飼育の規模も小さいため、ヒツジが改良される余地はない」と述べている。それに対して、同じ種類の植物の苗を大量に育てる苗圃《びょうほ》の所有者は、価値のある新しい変種を手に入れる可能性がアマチュア育種家よりもはるかに高い。それと、ある地域で一つの種の個体を大量に飼育栽培するならば、種を良好な生活条件の下に置くことで、自由な繁殖ができるようにすべきである。

いかなる種であれ、個体数が乏しい場合には、その資質の良し悪《あ》しに関係なく、すべての個体が繁殖への参加を許される。そのため、そのことで結果的に選抜が妨げられることになる。しかしおそらくなによりも重要なのは、その動物なり植物が人間にとってきわめて有用か価値があるかのいずれかでなければ、個体ごとの形態や資質のごくわずかな差異に細心の注意が払われたりはしないということだろう。そこまでの注意が払われないかぎり、いかなる成果も望めはしない。

私はこのことを大いに実感したことがある。園芸家が注目し始めたとたんにイチゴが変異し始めたのはじつに幸運なことだった、という一文を目にしたときのことだ。もちろん、イチゴは栽培を開始された時点から常に変異を生じていた。しかし、ごくわずかな変異しか生じていない個体は無視され続けていた。ところが、少しでも実が大きかったり、早熟だったり、甘かったりした個体を園芸家が選び出し、その種子を蒔き、実をつけた個体から最高のものを選び出して交配するということを繰り返したとたん（異なる種とのかけ合わせなども交えることで）、ここ三、四十年間にみごとなイチゴの品種が多数登場したのだ。

雄と雌がいる動物の場合、新しい品種の改良に成功するためには、少なくとも他の品種がすでに放牧されている地域では、交雑を妨げるための設備が重要な要素となる。その場合、土地を囲うのも一つの方法である。放浪生活を送る未開人や開けた草原の住人が、一つの種につき複数の品種を保有している例はまずない。ハトは、同じつがいが一生涯添い遂げるため、愛鳩家にとってはきわめて都合がよい。そのおかげで、多数の品種を一つの鳩舎でいっしょに飼育しても交雑しないからだ。新しい品種の改良には、この性質が大いに役立ったはずである。さらに言うなら、ハトを殖やすのは簡単で、しかも殖えるのも早い。劣った個体を除くのもたやすい。殺して食べてしまえばいいからだ。

それに対してネコは、夜間に戸外をうろつく習性があるため、交雑を妨げるのが難しい。ネコ好きの女性や子供が多いにもかかわらず、個別の品種が維持されている例をめったに見かけない。ときどき見かける個別の品種は、たいてい、どこかよその国から持ち込まれたものである。それも、島から持ち込まれたものが多い。

家畜や家禽のなかには、変異を起こしにくいものが間違いなくいる。ただし、ネコ、ロバ、クジャク、ガチョウなどで個別の品種が少なかったり皆無だったりするのは、選抜が功を奏しなかったせいかもしれない。ネコは、特定の相手と交配させるのが難しいし、ロバは貧しい飼い主が少数の個体を飼うだけで、育種に関心が払われることはまずない。クジャクは飼育が難しい上に、少数の個体ずつしか飼われていない。ガチョウは肉と羽毛しか使い道がなく、異なる品種を並べたところで面白くもなんともないとなればなおさらである。

飼育栽培品種の起源についてまとめておこう。変異を起こす原因としては、生殖器官に影響を及ぼす生活条件こそが頭抜けて重要であると思う。変異しやすさは、あらゆる生物に関して、どんな条件下においても本質的に偶然の事象であるとは思えない。その点で、私の意見は多くの学者とは違っている。変異しやすさがもたらす結果は、遺伝や先祖返りの度合いによって変化する。変異しやすさは、よくわかっていないさまざまな法則、なかでもとくに成長の相関作用の法則によって支配されている。変異しやすさには、生活条件が及ぼす直接的な作用も、いくらかは関係しているかもしれない。用不用もいくらかは関係しているはずである。そういうわけで、最終的な結果はとんでもなく複雑なものとなる。

土着の異なる種どうしの交雑が、飼育栽培品種を生みだす上で重要な役割を演じたケースもあることは間違いないだろう。どこの地域であろうと、いくつもの飼育栽培品種がいったん確立されたなら、ときどきの交雑と選抜によって、新しい亜品種の形成が大いに促進されたはずだ。しかし私に言わせれば、変種間の交雑の重要性については誇張されすぎてきたきらいがある。それは、動物に関しても、種子で殖える植物に関しても言える。挿し木や挿し芽などでも殖やせるような植物では、別種や別の変種との交雑がとてつもなく重要である。なぜなら、この場合は、雑種が示す極端な変異性や雑種に多い不稔性を完全に無視できるからだ。ところが、種子で殖えない植物の場合、交雑の効果が維持される期間はほんの束の間であるため、あまり育種の役には立たないという問題がある。とにかく、こうした「変化」を起こすあらゆる原因よりも、「選抜」という累積的な作用のほうが、たとえそれが綿密な計画にしたがって急速になされたものであれ、無意識のうちに緩やかになされたものであれ、「威力」としてははるかに優勢であると、私は確信している。

第2章　自然条件下での変異

変異性――個体差――不確かな種――分布域が広く、分布域内でも分散し、個体数も多い種ほど変異が多い――大きな属の種のほうが小さな属の種よりも変異が多い――大きな属の種の多くは、それぞれまちまちではあるが互いにきわめて近似しているという点と分布域が限定されているという点で変種に類似している

変異性

前章で到達した選抜育種などの原理を自然状態の生物に適用する前に、そもそも自然状態の生物は変異を示すものなのかどうかについて、簡単にでも論じておくべきだろう。ただしこの問題を周到に論じるとしたら、無味乾燥な事実を延々と並べ立てることになってしまう。そこでとりあえずその作業は先送りにし、将来の著作で果たすことにする。それと、種という言葉に与えられたさまざまな定義に関する議論もここ

ではしないつもりである。すべてのナチュラリストが納得するような種の定義など未だに存在しないからだ。それでもすべてのナチュラリストは、種と言うときのその意味を、漠然とではあるが心得ている。一般に種という言葉には、個別創造という行為における未知の要素が含まれている。同様に、「変種」という言葉もほとんど定義不能である。ただしこちらについては、祖先の共有という意味がほぼ必ず含まれているのだが、証明されているケースはめったにない。奇形という現象もあるが、これはいずれ変種へと移行する。私が言う奇形とは、形態の一部がかなりの異常を来たしている個体のことで、その異常は種にとって有害だったり役に立たないものであり、しかもまれにしか生じないものを指す。

人によっては「変異」という言葉を、物理的な生活条件に直接関係する変化を指す術語として用いている。この場合の「変異」は、遺伝しない変化であると想定されている。しかし、バルチック海の汽水域に生息する矮《わい》小《しょう》化した貝や、アルプス高山帯の矮小化した植物、極北の地にすむ動物の厚い毛皮などが、場合によって数世代くらいは遺伝することを否定する者がいるだろうか。この場合については、それは変種と呼ばれてしかるべきだと思われる。

個体差

さらには、個体差と呼べるわずかな差異もたくさんある。よく知られているように、それらは同じ両親から生まれた子どものあいだにも生じる。あるいは、限られた同一の地域に生息する同じ種の個体で頻繁に見られることから、やはり個体差として生じたと思われるわずかな差異もたくさんある。同じ種に属する個体とはいえ、どれもみなまったく同じ型にはめて作られているなどと考える人はいない。そうした個体差は、われわれにとってとても重要な意味をもっている。なぜならちょうど人間が飼育栽培種の個体差をどんな方向にでも蓄積できるのと同じように、自然淘汰が蓄積するための素材を提供するのが個体差だからである。一般にそうした個体差は、ナチュラリストから見ればさして重要ではない部位に生じている。しかし私は、生理学的あるいは分類学的に見て重要であると見なすべき部位が、同じ種の個体間で変異している場合もあるという事実をたくさん並べることができる。

きわめて経験豊富なナチュラリストでも、形態上の重要な部位にまで変異が多数見られるという事実を知れば驚くはずである。そのような事実は、現に私がそうしたように、時間をかければ信頼のおける筋からいくらでも集められる。それなのに意外と知られていないのは、分類学者は生物を分類する上で重要な形質に変異があることを認めたがらないせいである。しかもそれに加えて多くの研究者は、体内の重要な器官を丹念に調べ、同じ種のたくさんの標本で比較するというめんどうな作業を敬遠しがちである。そのせいで知られていないのだ。

私も、昆虫の巨大神経節に近い主要な神経の枝分かれのパターンが、同じ種の中で変異しているなどとは夢にも思っていなかった。しかも、そうした性質の変化はゆっくりと小刻みにしか起こりえないと考えていた。ところがごく最近ラボック氏が、カタカイガラムシの主要な神経が、木の枝の不規則な枝分かれのように変異しているのを確認した。しかもこの慧眼《けいがん》のナチュラリストは、ある種の昆虫の幼虫において、筋肉が一様ではなく変異に富んでいることも見つけている。

重要な器官は変異しないという言い方がされるが、それは循環論法である。なぜならその一方で同じ研究者が、変異を示さない形質を重要な形質と見なしているからである（ごく少数のナチュラリストが正直にそう証言している）。そのような見方をしているうちは、変異を示す重要な部位の例など見つかるはずもない。じつは、単に見方を変えるだけで、そのような例は間違いなくたくさん見つかるのだ。

不確かな種

個体差との関連で、きわめて困惑させられる問題がある。「多様」とか「多型的《たけい》」と呼ばれる属のことである。種がとんでもなくたくさんの変異を見せるため、種と変種の区別において分類学者の意見が分かれてしまうような属が存在するのだ。たとえば、キイチゴ属、バラ属、ヤナギタンポポ属の植物がそうだし、昆虫や腕足《わんそく》類でもいくつもの属を例としてあげられる。多型を示す属でもその大半は、変異しない明確な形質をもつ種を抱えている。ある地域で多型的な属は、ごく少数の例外はあるにしても、別の地域でも多型的であり、腕足類の例を見ると、時代が違っても多型的だったようである。

じつはこうした事実が大いなる困惑をもたらす。そのような変異のしやすさは、生活条件に左右されていないように見えるからである。もしかしたらそうした多型的な属では、形態上の変異はその種にとって有利でも不利でもないものであり、結果的に自然淘汰の作用によって固定されることも排除されることもなかったのかもしれない。後に説明するように、私にはそう思えてならない。

種としての特徴をかなり備えてはいるが、別の生物種にきわめて類似していたり、中間的な移行段階が存在することによって別の生物種と連続しているように見えるせいで、独立した種とは認められにくい生物集団がいる。そういう生物集団は、いくつかの点でとても重要な存在である。なぜなら、そのように独立した種とは認めがたい、きわめて近似した生物集団の多くは、そうした形質を自分の生息域で長期にわたって、しかも知られているかぎりでは正真正銘の種と同じくらいの期間、永続的に維持してきたと確信できるからだ。

異なる二種類の生物を、中間的な変異の個体を並べることで一つに統合できるような場合がある。そういう場合にナチュラリストは、一方の種類を他方の変種とし、よく見つかるほう、往々にして最初に記載されたほうを種として格づけるということをする。しかし、ここでは具体的な例は出さないが、両者は中間的な変異をもつ個体で密接に結ばれているにもかかわらず、一方を他方の変種にしていいものかどうか決めがたい場合がありうる。そういう場合、中間的な変異をもつ個体は両者の雑種であるとされがちだが、そう仮定してもなお、困難が解消するとはかぎらない。一方、中間的な変異をもつ個体の系列が実際には見つかっていないのに、そのような系列がどこかに存在しているはずだとか、以前は存在していたはずだと勝手に思い込んでいるせいで、一方が他方の変種にされている場合もじつに多い。つまり、疑惑と憶測の入り込む余地が多いのだ。

そうなると、ある種類の生物を種とすべきか変種とすべきかを判断する場合には、堅実な判断力と豊富な経験を備えたナチュラリストの意見だけが唯一の判断基準であるように思えてくる。しかしたいていの場合は、ナチュラリストの多数意見に従うべきである。なぜなら、よく知られている明らかな変種でも、誰かしら有能な分類学者によって必ず種として分類されていたりするからだ。

このように種との区別がまぎらわしい変種は決してまれではないということに異論はない。それぞれ異なる植物学者によって記載されたイギリス、フランス、アメリカの各植物相を比較してみるがいい。人によって、種と変種の識別がじつにまちまちであることに驚くはずだ。私が多くの面でたいへんお世話になっているH・C・ワトソン氏のご教示によれば、イギリス産の植物のうち、一般にはどれもみな変種と見なされているのに、一部の植物学者によってすべて独立した種として分類されているものが一八二種類もあったという。しかもワトソン氏はこのリストを作成するにあたって、種として分類されることもある変種のうちとりたてて重要ではないものをたくさん除外したほか、きわめて多型的な属はすべて除外している。それなのに、この多さなのだ。バビントン氏は、きわめて多型的な種類を含む属で二五一種を認定しているのに対し、ベンサム氏はわずか一一二種しか認めていない。その差一三九種は変種とすべきか種とすべきかまぎらわしいものなのだ。

繁殖のたびにつがいの相手を替え、移動性も高い動物の場合、動物学者によって独立した種にされたり同じ種の異なる変種にされたりする複数の生物集団が同一の生息域で見つかることはまずない。しかし別々の地域で見つかることは珍しくない。北アメリカとヨーロッパの鳥や昆虫では、互いにほんのわずかな差異しかないのに、著名なナチュラリストが明らかな種と認める一方で、別のナチュラリストは変種とか地理的品種と認定しているようなものがじつに多い。

私は何年も前に、ガラパゴス諸島の異なる島々で採集した鳥を、異なる島どうしとか大陸産のものと比較したり、他の研究者が比較した結果を調べたことがある。そのときに驚いたのは、種と変種との区別がいかに曖昧で任意的なものかということだった。マデイラ諸島の小さな島々には、ウォラストン氏の優れた研究では変種と認定されているものの、多くの昆虫学者が明白な種と判定するにちがいない昆虫が多数いる。アイルランドにさえ、かつては何人かの動物学者が種と認定していたのに、現在は一般に変種とされている動物がわずかながらいる。きわめて見識の高い何人もの鳥類学者が、イギリスのアカライチョウはノルウェー産の種の独特な一品種であると考えている。ところが、イギリス固有の種であると見なしているナチュラリストのほうがむしろ多い。種と変種の区別はそれくらいあいまいなのだ。

別種であるか変種であるか不確かな種類の生息地が遠く離れている場合、多くのナチュラリストはそれらを個別の種と見なす。しかし、よくある質問だが、いったいどれほどの距離があれば十分なのだろう。アメリカとヨーロッパならば十分遠いというのなら、ヨーロッパ大陸とアゾレス諸島、マデイラ島、カナリア諸島、アイルランドなどとの距離はどうなのか。きわめて有能な分類学者が変種と判定した生物集団でも、やはりきわめて有能な別の専門家が間違いなく種であると位置づけるような特徴を備えているものがたくさんいることは認めねばならない。しかしそもそもは、それらが種なのか変種なのかを議論する前に、まずは種と変種との違いについて広く受け入れられている定義が存在すべきなのだ。そのような定義が存在しない以上、議論するだけむだというものである。

顕著な特徴のある変種や不確かな種の多くの事例については、考察する価値が大いにある。事実、そうした生物集団の位置づけを決めるために、地理的分布、相似的な変種、雑種形成などといった観点から興味深い議論がいくつもなされている。とりあえず一つだけ例をあげよう。

サクラソウ属（Primula）のプリムラ・ヴェリス（P. veris）とプリムラ・エラティオール（P. elatior）の例である。この二種類は見かけがかなり異なる上に、香りも異なる。開花期もいくらか異なっている。生育場所もいささか異なっており、高山地帯で生息している高度も違うし、地理的な分布も異なっている。おまけに、きわめて周到な観察を行なうゲルトナーが何年かかけて行なった多数の実験によれば、両者の交雑は起こりにくい。この二つが別種であることを示す上で、これ以上の証拠はまず望めないだろう。ところがこの二つを結ぶ多数の中間的変異が存在しており、しかもそれらの変異個体が雑種である可能性は薄い。しかも、この二者が共通の祖先に由来していることを示す実験的証拠が多数存在しているように、私には思える。したがってこの二つは別種ではなく、変種として分類されてしかるべきだと思う。

種か変種か不確かな場合でも、詳しく調べればたいていは意見の一致を見るものだ。しかし、分類学上の位置が不確かな種類がいちばんたくさん見つかっているのは、いちばんよく調べられている地域であるという皮肉な事実もある。人間にとって有用だったり、何らかの理由で人間の関心を強く引く野生動植物については、その変種がほとんどいたるところで見つかるという事実に、私は注目してきた。しかもそうした変種は、往々にして誰かが種に認定しているはずなのだ。

ごくふつうに見られるオークはどうだろう。これほど詳しく調べられている木もあるまい。それなのにドイツのある植物学者は、一般には変種とされている変異集団を一〇以上の種に分けている。イギリスでは植物学の最高権威や造園家たちが、花柄《かへい》［先端に花をつけた茎］のあるオークとないオークを別種とすべきか単なる変種とすべきかで議論し合っている。

駆け出しのナチュラリストが、自分にとってなじみのない生物グループの研究を開始する場合を考えてみよう。その人は、どの程度の差異が種レベルのもので、変種を規定するのはどのような差異なのかを決める段階でまず悩むことだろう。そもそも、そのグループが抱えている変異の量も質もわかっていないからだ。つまり逆にいうと、少なくとも何がしかの変異が生物に存在すること自体は、あたりまえのことなのである。

そこでそのナチュラリストが一つの地域の一群の集団だけに的を絞るとしたら、すぐにも、不確かな集団の大半をどう位置づけるべきかの決断を迫られることになる。そしてふつうは、たくさんの種を認定することになる。なぜならば、前述した愛鳩家やニワトリの愛好家同様、自分が研究しているグループが大量の差異を抱えていることに目をくらまされているからだ。しかもその人は、他のグループや他の地域のグループも似たような変異を抱えているということがわかっていないときている。そのせいで、第一印象を修正できないまま引きずられてしまうのだ。

その後、調査対象の地域を広げると、さらなる困難に出くわすことになる。とてもよく似た集団がぞろぞろと見つかるからだ。しかし調査対象の地域をさらに広げていけば、最終的には、変種と種の区別のしかたについて、自分なりの判断基準ができてくることだろう。ただしそのためには、多数の変種の存在を認めるという代償を支払わねばならない。しかもその判断については、他のナチュラリストたちからの批判を甘んじて受けねばならないはずだ。その上、現在は地続きではない地域から持ち込まれた類縁種の調査にも手を染めることになれば、位置づけが定まらない変種と変種をつなぐ中間段階を見つけられる望みはない。そうなると、ほとんど類推に頼るしかないわけで、それに伴う困難は想像を絶するものがある。

困ったことに、種と亜種とのあいだの明確な境界は未だにもうけられていない。亜種とは、一部のナチュラリストに言わせると、種のレベルにきわめて近いものの、種のレベルには達していない生物集団のことである。おまけに、亜種と明瞭な変種とのあいだにも、不明瞭な変種と個体差とのあいだにも、明確な区分はない。そうした差異が互いに混ざり合い、切れ目のない系列を形成しているのだ。そういう系列を見ると、その生物が実際にたどってきた経路が見えてくるような気がする。

一般に分類学者は、個体差にはあまり興味を示さない。しかし私は、個体差はきわめて重要であり、自然史学の研究ではほとんど一顧だにされないごくわずかな変種を生む最初の一歩であると考える。そして、少しでも明瞭で永続的な変種は、はるかに明瞭でさらに永続的な変種へと至る一段階であると見ている。そのような変種がやがて亜種となり、種となるのではないか。少しずつ異なる一段階からその上の段階への移行は、場合によっては、異なる二つの地域の異なる物理的条件がそこにすむ生物に長く作用することで起こる可能性もある。しかし私は、その見解にはあまり与《くみ》しない。むしろ、変種がその原種とごくわずかに異なる状態からもっと異なる状態へと移行する過程は、自然淘汰が働いて、形態上の差異がある一定の方向へと蓄積していくことによると考えている（これについては後ほどもっと詳しく論じる）。そういうわけで私は、十分に明瞭な変種を発端種と呼んでいいと思っている。ただしこの考えが正しいかどうかは、本書で提出する事実や見解の正当性に照らして判断されるべきである。

変種や発端種のすべてが必ず種のレベルに達すると考える必要はない。発端種の状態をしばし続けた後で絶滅する場合もあれば、変種のまま長期にわたって存続する場合もあるだろう。ウォラストン氏が調べたマデイラ諸島の化石陸貝の変種がまさにそうだった。ある変種が繁栄して原種よりも個体数が多くなれば、変種のほうが種に格上げされ、もとの種のほうは変種に格下げされることになる。あるいは親の種を圧倒して絶滅させてしまうこともあるだろうし、両者が共存して共に独立した種として位置付けられることもあるかもしれない。ともあれ、この問題についてはいずれ再び取り上げることにする。

これまでの記述から、種に対する私の見方は自ずと明らかだと思う。すなわち、種とは互いによく似た個体の集まりに対して任意に与えられた便宜的な呼び名であり、変種という呼び名と本質的には違わないというのが私の考えなのだ。ただし変種のほうは、明瞭さに欠ける上にばらつきも多い生物集団を指す。そして変種という呼び方も、単なる個体差との比較で言えば任意に与えられるもので、便宜的な呼び方にすぎない。

分布域と変異

私は理論的な考察を進める中で、詳しく調べられている植物相ですべての変種を数え上げれば、きわめて変異の多い種の性質と類縁について興味深い結果が得られるのではないかと考えた。当初、これはたやすい作業に思われた。しかし、この件で貴重な助言と助力を頂いたＨ・Ｃ・ワトソン氏から、それは並たいていの仕事ではないと教えられた。フッカー博士も、とんでもないとばかりにその困難さを語ってくれた。その困難さに関する議論と、変異しやすい種の相対的な数をまとめた表の公表は、将来の著作で行なうつもりでいる。フッカー博士は、この問題に関する私の草稿に丹念に目を通し、その表を詳しく検討した上で、以下で私が述べることはそれほど的外れではないと承認し、その発言を公表してもよいと言ってくれた。ただし、変異の多い種の性質とその類縁という問題はただでさえややこしい話なのに、ここではごく簡潔に述べることしかできない。しかも「生存闘争」とか「形質の分岐」など後ほど詳しく論じるはずの問題についても、間接的に言及するほかない。

アルフォンス・ド・カンドルらは、きわめて広い分布域をもつ植物には一般に変種が存在することを示している。分布域が広ければそれだけ多様な物理的条件にさらされ、それぞれの場所で異なった生物グループのメンバーとの競合（後に論じるように、こちらのほうがはるかに重要である）を強《し》いられるわけだから、変種の存在は当然予想されることである。

しかし、私が作成した表が明らかにしたのはそれだけではなかった。限定されたどんな土地でも、植物学者が変種として記載しているほど十分に明瞭な変種をたくさん生じているのは、いちばん個体数の多い種だったり、その土地でいちばん広く分散している種（これは分布が広い種という意味とは違うし、個体数が多い種という意味ともいささか違う）だったのだ。つまり、明瞭な変種、すなわち私の言う発端種をいちばんよく生み出すのは、いちばん繁茂している種、いうなれば優占種なのだ。ここで言う優占種とは世界中に広く分布していると同時に、個々の土地でいちばん広く分散していて、しかも個体数が最も多い種のことである。

ただし、発端種を最も生じやすいのは優占種であることも予想の範囲内かもしれない。なぜなら、変種がある程度永続するためにはまずその土地の他の居住者と闘争する必要がある。ところが最も多くの子孫を残すのはすでに優占している種であり、その子孫は若干の変異を生じているにしても、すでに優占している親たちと同じように、その土地の他の居住者との闘争において有利な立場にあるはずだからである。

属の大きさと変異

ある土地に生育していていずれかの植物誌に記載されている植物を、大きな属に所属する種と、小さな属に所属する種の二組に等分してみる。すると、大きな属の組には、個体数が多い上に広く分散している優占種が多く含まれる。この事実も予想の範囲内かもしれない。同じ地域に同じ属の多数の種が生育しているということは、その地域の有機的あるいは無機的な何らかの条件がその属にとって好ましいことを意味するからである。しかもその必然的な結果として、たくさんの種を含む大きな属には相対的に優占種が多く見つかることが予想される。ただしさまざまな原因が絡むことで、そのような結果は不明瞭なものとなりがちである。現に私は、自分が作成した表では大きな属の組と小さな属の組との差が僅差《きんさ》であることに驚かされた。

ここでは不明瞭さをもたらす原因を二つだけ取り上げよう。淡水生の植物と好塩性の植物は一般に分布域が広く、分布域内では広く分散している。しかしそのことはそうした植物が生育する場所の性質に関係したことであって、その種が所属する属の大きさとはほとんど、あるいはまったく関係のないことである。もう一つ、体の基本的なつくり、すなわち体制で見劣りする植物は、体制で勝る植物よりも一般に広く分散している。これについても、所属する属の大きさとはさほど関係ない。体制の劣る植物の分布域が広い理由については、地理的分布を扱う章で議論する。

種とは顕著な特徴をもち明確に定義できる変種にすぎない。私はこの視点に立ったことで、同じ地域でも大きな属の種のほうが小さな属の種よりも変種を生じやすいと予想した。近縁種（同じ属の種）が数多く形成されている地域ではどこでも、一般原則として、数多くの変種すなわち発端種が今も形成されつつあるはずだからである。大樹がたくさん生えている場所では、実生の苗が見つかるものだ。同属の種が変異を重ねることでたくさんの種が形成された場所は、環境条件のせいで変異が起きやすかったのだ。そこで私たちとしては、その環境条件の下ではおおむねまだ変異が起こりやすいのではないかと予想する。それに対して、個々の種は個別に創造されたと考える創造説に立つと、種数の多い属ほどたくさんの変種が生じていることを説明する明白な理由が見当たらない。

この予想が正しいかどうかを確かめるために、一二カ国の植物と二つの地域の甲虫類を選び出し、多数の種を含む属の組と、少数の種しか含まない属の組にほぼ二分してみた。するといずれのケースでも、大きな属に含まれる種のほうが、小さな属に含まれる種よりも変種を生じている割合が高いことが確認できた。しかも、大きな属で変種を生じている種のほうが、小さな属で変種を生じている種よりも、生じている変種の数も平均して常に多かった。この二つの結果は、選び出した植物や甲虫の組み分けを変えた場合でも同じだし、一種から四種しか含まない属のすべてを一覧表から除外した場合も同じである。

この事実が何を意味するかは、種とはきわめて顕著な特徴をもつ永続的な変種にすぎないという見解に照らせば明白である。同じ属の種がたくさん形成されている地域、言い換えるならば種の製造が活発になされた地域では、一般に現在もなお種の製造が続いているのが確認されるはずなのだ。しかも、新種の製造工程は緩慢であると信ずべき理由がそろっていることを考えればなおさらである。変種は発端種であるとの立場に立てば、これは異論のないところだろう。事実、私が作成した一覧表では、同属の種が数多く形成されている地域では、その属の種に生じている変種、すなわち発端種の数が必ず平均を上回っているのだ。

ただし、大きな属のすべてが今も変種を続々と生み出して種数を増加させているわけではないし、小さな属のすべてが現在は変種を生み出さず増加もしていないというわけでもない。もしそうだとしたら、私の説にとっては致命的である。なぜなら地質学の知見が明快に語ってくれるように、小さな属でも時間が経つうちに種数を大幅に増加させている例は多いし、大きな属とはいえその絶頂を迎えた後に種数を減少させて消滅した例も多いからだ。私がここで言いたいのは、一つの属で多くの種が形成されている地域では、平均すると、今もなお多くの種が形成されつつあるということである。これは間違いのない事実なのだ。

それ以外にも、大きな属の種と、その変種とされているもののあいだには注目すべき関係がある。すでに確認したように種と明白な変種とを確実に見分けられるような絶対的な基準は存在しない。種か変種かどちらとも見極めがたい集団と集団をつなぐ中間的な系列が見つからない場合、ナチュラリストとしては、それらのあいだに見られる差異の量によって種か変種かを決定するほかない。差異の量が一方ないし両者を種として分類するに値するかどうか、類推に頼るしかないのだ。したがって、その二つを別種とすべきか、それとも異なる変種とすべきかを決める上では、差異の量がきわめて重要な基準となる。

大きな属では種間の差異の量がきわめて小さい場合が多いということを、フリースは植物で、ウェストウッドは昆虫で指摘している。この点について私は、差異の平均を比較することで数量的に検証しようとした。私の分析は完全とはいえないが、両人の指摘を否定する結果は得られていない。幾人かの信頼できる研究者の意見も聞いてみたのだが、彼らもよく考えた末に私の意見に同意してくれた。そういうわけで、大きい属の種のほうが、小さな属の種よりも変種っぽく見える。あるいはこう言い換えてもいいかもしれない。変種すなわち発端種が今も数多く製造され続けているような大きな属では、すでに製造された種の多くは、通常の種間の差異よりも互いに小さな差異しかないため、未だに変種のレベルに近いといえる。

さらにいうなら、大きな属の種どうしは、同一種の変種どうしの関係に近い。同じ属の種どうしのあいだに見られる違いはみな同じくらいだ、などと言い張るナチュラリストはいない。同じ属に含まれていても、それぞれ個別の亜属や節、あるいはそれ以下の分類区分に分けられるのがふつうである。いみじくもフリースが述べているように、種の小さなまとまりは、別の種の周囲に衛星のように集まっているものなのだ。

では、変種とは何物なのだろう。それもまた、相互の関係はまちまちだが、祖先種にあたる種類の周囲に集まっているグループなのではないのか。ただ、変種と種とのあいだにはきわめて重要な違いが一つある。すなわち、同じ種の変種どうし、あるいは変種とその祖先種とで比較した場合、それらのあいだに見られる差異の量は、同じ属の種間に見られる差異よりもはるかに小さいのだ。しかし、この事実はどうしたら説明できるのか、変種間に見られる小さな差異がどのようにして種間で見られるほどの大きな差異へと増大していくのかは、私が「形質の分岐」と呼んでいる原理についてこれから論じていく中で明らかとなる。

注目すべき点がもう一つある。変種の分布域は一般にかなり限られているという点である。もっともこれは、あたりまえといえばあたりまえだろう。なぜなら、変種の分布域のほうがその祖先種とおぼしき種の分布域よりも広いとしたら、両者の名称は逆転されてしかるべきだからである。しかしまた、まるで変種どうしかと思えるほど別の種とよく似ている種の分布域は、しばしばきわめて限定されていると信じてよい理由もある。たとえばH・C・ワトソン氏は、よく調べ上げられた『ロンドン植物目録』（第四版）に記載されている種のうちで、種の名には値しないほど他の種に類似した集団が六三種あると教えてくれた。「種」とされているその六三種類は、ワトソン氏がイギリス全土を分けた区画のうち、平均六・九区画に分布していた。同じ目録には五三の変種が記載されているが、それらの分布は七・七区画にまたがっている。一方、それらの変種が所属している種の分布は一四・三区画に及んでいる。つまり、一般に変種と見なされている集団の分布域の平均と、イギリスの植物学者の大方は紛れもない種であると見なしているものの、ワトソン氏は種かどうか怪しいと考えているきわめて近縁な集団の分布域の平均が、ほぼ同じなのだ。

まとめ

最後にまとめると、変種は種と同じ一般的な特徴をそなえている。変種と種を区別することは不可能だからだ。ただし、独立した種ではなく変種であると断定できる例外的な場合が二つある。その一つは、移行段階にあたる中間的な集団が見つかっていて、しかもその中間的な系列をなす集団間にはわずかずつの差異が存在している場合。もう一つは、二つの種類を結ぶ中間的な種類が見つかっていなくても、両者のあいだに存在する差異がわずかだとしたら、一般にそれらは別種ではなく同じ種の異なる変種であると見なされる場合である。しかし、どれくらい大きい差異であれば別種としてよいのかはきわめてあいまいである。ある地域で平均以上の数の種を抱える属では、個々の種が抱える変種の数も平均以上である。大きな属の種は、類似のしかたはまちまちではあるが互いによく似ている傾向があり、しかも特定の種に似た小集団が形成されている。別の種にきわめてよく似た種の分布域は限定されているようだ。以上すべての点において、大きな属の中の種は変種ときわめて類似している。この類似については、種は変種から出発して種に移行したと考えればすっきり理解できる。ところが個々の種は個別に創造されたと考えたのでは、そうした類似は説明できない。

すでに論じたように、平均的に見ていちばん多くの変種を抱えているのは、大きな属のもっとも優占している種である。これから論じていくつもりだが、変種は個別の新種へと変わりやすい。大きい属ほど抱える種の数が多くなる傾向があるのはそのためである。自然界では、現時点で優勢な生物集団は、変異した優勢な子孫を数多く残すことで、なおいっそう優勢となる傾向がある。しかし後ほど説明する過程を踏むことで、大きな属は小さな属に分裂しやすいという傾向もある。そういうわけで、地球上の生物は、階層的なグループへと分けることができるのだ。

第3章　生存闘争

自然淘汰との関係――広義の生存闘争――指数関数的な増加――野生化した動植物の急激な増加――自然による増加の抑制――競争はあまねく存在する――気候の影響――大集団による種の保存――自然界における動植物の複雑な関係――同種の個体間や変種間の生存闘争がいちばん厳しく、同属の別種間の生存闘争も往々にして厳しい――生物どうしの関係ほど重要な関係はない

自然淘汰との関係

本論に入る前に、生存闘争が「自然淘汰」にいかに関係するかについていくつか予備知識を提供すべきだろう。前章では、自然状態にある生物には個体変異が存在することを見た。この点については、異論に出くわしたためしがない。どう位置づけたらよいかわからないたくさんの生物集団が、種と呼ばれるか、亜種と呼ばれるか、変種

と呼ばれるかは、たいした問題ではない。たとえばイギリス産植物のうちで、位置づけの定まらない二〇〇とも三〇〇とも言われる種類がどう呼ばれようと、変種の存在さえはっきりと認められるならば、それほどたいした問題ではないのだ。

個体変異は存在するという事実や、明確な変種が少しは存在するという事実は、本書の議論にとって欠かせない基本的要件である。しかしそれだけでは、自然界において種はいかにして生じるのかを理解する上であまり役立たない。体の基本的構成である体制の一部と他の部分との適応、あるいは生活条件への適応、さらには異なる生物種どうしの適応などはいずれをとってもみごとだが、はたしてそれらはどのようにして完成したのだろうか。キツツキとヤドリギとの関係を見ると、互いにみごとに適応し合っていることがよくわかる。哺乳類の体毛や鳥類の羽毛にしがみついている矮小な寄生虫、水中に潜る甲虫の体の構造、そよ風に乗って空中を漂う種子の冠毛などに見られる適応も、捨てたものではない。早い話、あらゆる場所、生物界のいたるところに適応の妙がころがっているのだ。

私が発端種と呼ぶ変種はどのようにして紛れもない種へと変わるのかとも、問われるかもしれない。ここで言う紛れもない種とは、他と比較した場合に、同じ種の変種どうしの場合以上に明白な違いを見せるものを指している。あるいはまた、個別のグループを構成し、同属の種どうしよりも互いに異なっている種のグループである属は、いかにして生じるのだろうか。こうした疑問に対する答については次章で詳しく論じるが、いずれもみな生存闘争の結果として生じるものなのだ。そのような生存闘争により、いかにわずかな変異であろうとも、いかなる原因で生じた変異であろうとも、その種の個体にとっていくらかでも利益になるものなら、他の生物や自然環境との微妙な綾の中でその個体の生存を助け、子孫に受け継がれることになる。その変異を受け継いだ子孫も、そのことで生存の機会を高めることだろう。なぜなら、どの種でも定期的に多数の個体が誕生するものの、生き残れる個体は少数だからである。この原理、すなわちわずかな変異でもそれが有用なものならば保存されるという原理を、私は人間が有用な変異を篩《ふる》い分ける人為選抜（人為淘汰）の原理に倣って、自然淘汰の原理と呼んでいる。

すでに見たように、人間は選抜を行ない、自然から与えられた、微小ではあるが有用な変異を蓄積させることで大きな成果を生み出し、生物を人間の用途に適合させることができる。しかしこれから見ていくように、「自然淘汰」は絶え間なく作用しうる力であり、「人工物」と「自然」の作品とを見比べればわかるように、人間の微力な努力とは比べものにならないほどの威力がある。

広義の生存闘争

生存闘争についてもう少し詳しく論じよう。このテーマに関しては、徹底的に論じられるだけの長さの著作をいずれ書くつもりでいる。オーギュスタン・ド・カンドル［アルフォンス・ド・カンドルの父］とライエルは、すべての生物はきびしい競争にさらされていることを包括的かつ理性的に論じている。植物については、マンチェスターの首席司祭W・ハーバートほどこのテーマを熱く巧みに論じた人はいない。それはひとえに園芸学に関する師の豊富な学識のなせる業である。

生存闘争の存在が普遍的な真理であることを言葉の上で認めることはたやすいが、この結論を常に意識することほど難しいことはない。少なくともこれは私の実感である。この結論を徹底的に認めないかぎり、生物の分布、個体数の多少、絶滅、変異などといったあらゆる事実を含む自然界の体系《エコノミー》全体を明瞭に理解することはおぼつかないし、完全に誤解しかねないと、私は確信している。

一見すると、自然は歓びで輝き、この世には食物があふれているように見える。しかしそう見えるのは、のんきに囀《さえず》っている小鳥のほとんどは虫や種子を食べて生きており、常に殺生をしているという事実に目を向けていないか忘れているからである。あるいは、その小鳥たち、その卵、雛たちもまた、猛禽や肉食獣の餌食になっているという事実を忘れているからなのだ。たとえ今は食物が豊富でも、年がら年中そうであるとは限らないことも忘れられがちである。

私が言う「生存闘争」という言葉は広い意味での比喩であり、生物どうしの依存関係や、（さらに重要な）個体の生存だけでなく子孫の存続までも含んでいるということを、あらかじめ断っておきたい。二頭の飢えた肉食獣は獲物を得るために文字どおり闘争するという言い方もあるだろう。しかし、砂漠の縁に生える植物についても、ほんとうのところは水不足に翻弄されているだけにしろ、乾燥を相手に生存のための闘争を演じているという言い方が許される。毎年のように千粒の種子をつけるのに、発芽して実をつけるのはそのうちの一粒にすぎない植物の場合はどうだろう。それらについては、地上を覆っている同種あるいは別種の植物と闘争しているという言い方のほうがふさわしい。

リンゴなどの樹種に寄生するヤドリギについても、寄主となる樹木と闘争しているという言い方ができなくもない。寄生される側としても、一本の木にたくさんのヤドリギが寄生したのでは枯死しかねないからである。ただし、むしろ同じ木の同じ枝に密生してしまったヤドリギの実生のほうが、互いに闘争し合っていると言えそうである。一方、ヤドリギの種子は鳥によって運ばれるため、その存続を鳥に頼っている。そうなると、ヤドリギは同じような果実をつける他の植物と闘争しているという言い方も、比喩的にはありえる。他の果実よりも自分の果実を鳥に好んで食べてもらい、種子を散布してもらう必要があるからだ。このような、相通じるところのある複数の意味を込めて、私は生存闘争という言葉を便宜的に用いるつもりである。

指数関数的な増加

生存闘争が生じるのは、あらゆる生物の増加率がきわめて高いことによる必然的な結果である。すべての生物は、寿命をまっとうする間にそれぞれ卵なり種子なりを生産するわけだが、際限なく増え続けるわけにはいかない。一生のある時期、ある季節、ある年などに個体数を減らすということがなければ、指数関数的な増加［直訳は「幾何数列的な増加」だが、一個体当たりの増殖率が常に一定という想定だと、実質的には加速度的右肩上がりの指数関数で表されることになる］を続けることで、たちまちどんな土地でも養えないほどの数に増大してしまうからである。このように生存可能な数以上の個体が生産されるため、同種の個体間、他種との個体間、生息する物理環境とのあいだで必ず生存闘争が生じることになるのだ。

これは、本来は人間社会を対象としたマルサスの原理を何倍にも拡張して全動植物界に適用したものである。拡張した理由は、動植物界では、人為的な食糧の増加も、賢明な産児制限もいっさい行なわれないからである。現生種のなかには、かなり急速な勢いで個体数を殖しているものもいるかもしれないが、すべての種がいっせいに数を殖すということはありえない。地球がそのすべてを支えることなど不可能だからである。

すべての生物は、もし個体数の増加がどこかで抑えられないとしたら、一組の親の子孫が地球上を覆い尽くすほどの高率で増加する傾向があり、この規則に例外はない。

繁殖の遅い人間でさえ、この四半世紀で人口が倍増した。この割合でいけば、地球はこの先数千年にして人間で立錐《りっすい》の余地もないほどになりかねない。リンネウス［リンネの名のラテン語風表記］が行なった試算によれば、一年生の植物が種子を二個だけつけ、その種子から成長した植物がそれぞれ翌年さらに二個ずつの種子をつけるということが続けば、二〇年にして一〇〇万本の植物に増えるという。現実には、わずか二個の種子しかつけないような一年生植物は存在しないわけだから、これでもまだきわめて控えめな試算である。

知られている動物のなかで繁殖がもっとも遅いのはゾウである。そこで私は、もっとも低く見積もった場合のゾウの自然増加率を苦労して弾《はじ》き出してみた。ゾウは三〇歳から九〇歳までのあいだに三回の繁殖を行ない、そのつど二頭ずつの子を生むとしよう。これは現実を下回る仮定だろうが、それでも五世紀後には、一組の親から生まれた子孫が一五〇〇万頭にもなる。

野生化した動植物は急激に増加する

この増加率の問題については単なる試算よりもましな証拠がある。自然条件下で、好条件がたまたま数シーズン続いたおかげで急激に個体数を増加させた動物の例がたくさん知られているのだ。それ以上に驚かされる証拠は、野生化したさまざまな家畜の例である。繁殖の遅いウシやウマが南アメリカ、あるいは最近になってオーストラリアで野生化した例では、十分な証拠を示されなければとても信じられないほど高い増加率を示しているのだ。同じことは植物でも言える。本来の生息地ではない島に移入された植物が島中を覆い尽くすまでに一〇年もかからなかったという例がいくつもある。ラ・プラタの広大な平原で、一種だけで広大な面積を覆い尽くすほどの勢力を誇っている何種かの植物は、ヨーロッパから持ち込まれたものである。ファルコナー博士から聞いた話では、インドのコモリン岬からヒマラヤに至る地域には、新大陸アメリカ発見以後にアメリカ大陸から持ち込まれた植物が分布しているという。このような例はほんの一部であり、まだまだ実例をあげることができるのだが、いずれの例においてもそれらの動植物の増殖力が突如として急激に、目に見えて上昇したせいであるとはとうてい考えられない。

増殖力の急増に代わる明白な説明は、移入先の生活条件がきわめて良好だったせいで、老いた個体も若い個体も死亡率が低く、ほぼすべての子どもが繁殖できたせいであるというものだろう。つまり、よその土地から持ち込まれて定着した帰化生物が新天地で異常なほど急激に増加して広範囲に広がることができるのは、いつも驚かされる指数関数的増加率のなせるわざだと考えればすっきりと説明できるのだ。

自然による増加の抑制

自然界では、ほぼすべての植物が種子を生産するし、毎年繁殖しない動物はごくわずかである。したがって次のように言い切ってもよいのではないか。すなわち、すべての動植物は指数関数的に増加する傾向があり、生存可能な場所ならばそこで急速に数を増やすはずなのだが、指数関数的な増加傾向は一生のうちのある段階で起こる大量死によって抑えられているにちがいない。われわれがつい勘違いしがちなのは、大型の家畜を見なれているせいなのだと思う。大型の家畜が大量に死ぬ光景は、まず見かけないからである。しかも、毎年何千頭もの家畜が食糧として殺されていることや、自然界でも同じくらい大量の死がもたらされていることを、われわれは忘れがちである。

毎年何千もの卵や種子を生産する生物と、ごく少数の卵や種子しか生産しない生物とのあいだにはただ一つの違いしかない。それは、そこが広い土地だとしたら、好条件下でその地域全体を埋め尽くすのに、繁殖の遅い生物のほうが少し余計に時間がかかるだけのことである。コンドルは一度に二個の卵しか産まないが、レアは二〇個もの卵を産む。それなのに、同じ地域の生息数はコンドルのほうが多かったりする。フルマカモメは一度に一個の卵しか産まないが、世界でもっとも数の多い鳥だとも言われている。イエバエは一度に数百個の卵を産むが、同じハエの仲間でもシラミバエは一度に一個しか産まない。しかし、同じ地域にすむそれぞれの個体数は一度に産む卵の数で決まるわけではない。卵数の多さが重要な意味をもつのは、急激に増えたり減ったりする食物に頼っているような種である。産卵数が多ければ、食物の多い時期に個体数を急速に増やすことが可能となるからだ。

しかし、卵数や種子数の多さがほんとうに重要なのは、一生のうちのある時期に個体数が大幅に減少することへの対処としてである。そして大多数の場合、そのような個体数の大幅な減少が起こるのは一生のうちの初期である。自分の卵や子どもを何らかの手段で保護できるような動物ならば、産卵数や産子数は少なくてもよい。それでも平均的な個体数は十分に維持できる。ところが、大量の卵や子どもが死んでしまう動物では、たくさんの卵や子どもを産まなければならない。さもないと、その種は絶滅してしまうだろう。

平均寿命が千年の樹木ならば、千年に一度だけ一粒の種子を実らせ、その種子が生育に適した場所で確実に芽を出して無事に成長すれば、個体数を維持することができる。そういうわけでいずれの場合も、動植物の平均の個体数は、その産卵数や産子数に間接的に依存しているにすぎない。

競争はあまねく存在する

自然界を見るにあたっては、ここまで論じてきたことを常に念頭に置いておく必要がある。すなわち、この世に存在するすべての生物は、個体数をせいいっぱい増加させるための闘争をしているという言い方ができるということ。個々の生物は、一生のうちのある時期に闘争することで生き抜いているということ。若い個体や老いた個体には、世代ごとあるいは一定の間隔ごとに大幅な個体数の減少が降りかかってくるということを、決して忘れてはならないのだ。個体数減少に少しでも歯止めがかかり大量死を免れれば、その種の個体数は、ある程度までならばすぐにでも増加することだろう。

自然のありさまは、一万本の鋭いくさびが密に絶え間なく打ち込まれている柔軟な表面に喩《たと》えられるかもしれない。そこには、あるときには一本のくさびが強く打ち込まれ、またあるときには別のくさびがさらに強い力で打ち込まれている。

個々の種が個体数を増加させようとする傾向を抑えている要因が何かは、とてもわかりにくい。繁殖力がすこぶる旺盛な種を想定してみよう。個体数が増えれば増えるほど、増加傾向はさらに高まるはずである。それなのにそうはならない。個体数のとんでもない増加を抑制している要因が何なのか、はっきりとわかっている例は一つもないのだ。考えてみれば、これはそれほど驚くことではないのかもしれない。なにしろ、いちばんよくわかっている人間という動物についてさえ、人口増加を抑えている具体的な要因が何であるかわかっていないのだから。

個体数増加の抑制という問題については、幾人もの研究者による優れた考察がある。私は、特に南アメリカの野生動物に関して、将来の著作でこの問題を長めに論じるつもりでいる。さしあたってここではいくつかの指摘をすることで、主要な点に注目してもらうにとどめたい。

いちばん犠牲になりやすいのは一般に卵や幼い子どもと思われがちだが、必ずしもそうとはかぎらない。植物の場合、大量の種子が生き残れないのはたしかだが、私自身の観察によれば、いちばん犠牲になるのは、すでに他の植物が密生している地面から芽生えた苗（実生）であると考えられる。実生にはまた、さまざまな敵が襲いかかり大量の個体が死に至る。たとえば私はこんな実験をした。縦一メートル、横六〇センチの区画を耕して除草し、実生の苗が他の植物の被害を受けずに成長できる準備を整えたのだ。そして、自然に生えてきた野草のすべてに印をつけてその成長を観察した。すると、実生の苗三五七個体のうちの二九五個体もが、主にナメクジと昆虫によって食べられてしまった。長期にわたって刈り込まれている芝地――草食獣がなめるように草を食《は》んだ草地に相当する――を放置して草が生えるにまかせると、勢いのある植物が勢いのない植物を、しかも完全に成長したものまで徐々に圧迫して殺してしまう。実際に芝地の小さな区画（一メートル×一・二メートル）を放置したところ、最初に生えていた二〇種のうちの九種が、他の種の成長の犠牲になった。

個々の種の増加の上限を決めているのは、当然ながら、利用できる食物の量である。しかし、種の平均個体数を決めているのは、手に入る食物の量ではなく、他の動物に食べられてしまう量である場合も多い。そういうわけで、大きな領地内のヤマウズラ、オオライチョウ、ノウサギの個体数の多い少ないは、それらの捕食者をどれだけ駆除できるかにかかっていると考えて、まず間違いないだろう。イギリスにおいて今後二〇年間、狩猟鳥獣を一個体も撃たなくても、それらの捕食者の駆除も行なわないとしたら、狩猟鳥獣の個体数は現在よりも確実に減ることだろう。現時点では毎年数十万個体の狩猟鳥獣が捕獲されているにもかかわらず、そうなるはずなのだ。それに引き換え、ゾウやサイなどのように、天敵がいない動物もいる。インドのトラでさえ、母ゾウに守られている子ゾウを襲うことはめったにない。

気候の影響

気候は、種の平均個体数を決める上で重要な役割を演じている。なかでも周期的な季節として巡ってくる極端な寒さや乾燥がもっとも大きな影響を及ぼしているのではないかと、私は考えている。私の推定によれば、一八五四年から五五年にかけての冬は寒さが厳しかったせいで、私の家の周辺では五分の四の鳥が死んだ。人間の伝染病では死亡率一〇パーセントでもたいへんな騒ぎである。それを考えると、八〇パーセントの死亡率というのはすさまじい破壊である。

気候が及ぼす影響は、一見すると生存闘争とはおよそ無縁に思える。しかし、気候の影響は主に食物の減少として表れ、個体間の厳しい闘争を引き起こす。その場合に闘争する個体は、同種の個体どうしのこともあれば、同じ食物に依存している別種の個体どうしのこともある。たとえば厳しい寒さなどが直接の影響を及ぼす場合でも、真っ先に犠牲となるのは、いちばん活力の劣る個体だったり、厳しい冬の間に少しの食物しか採れなかった個体だろう。

南から北、あるいは湿潤な地域から乾燥した地域に移動すると、徐々に姿を見かけなくなり、ついにはまったくいなくなってしまう種が必ずいる。そんな場合、気候の変化はいやでも目につくため、すべての原因を気候の直接的な影響のせいにしがちである。しかしそのような見方はひどく間違っている。どんな種も、たとえ最も個体数の多い地域であろうとも、一生のうちのある決まった時期に大量の死に見舞われているということを忘れてはいけない。

死をもたらす原因は、天敵であることもあれば、同じ場所や食物を争う競争相手だったりもする。気候がわずかに変化することでそうした敵や競争相手が少しでも利益を得るとしたら、それらは個体数を増加させることだろう。すると、どこの場所もすでにたくさんの居住者で埋まっているわけだから、別のどれかの種が個体数を減らすことになる。南に向かって旅をする間に、ある一つの種の個体数が減っていくのを目にしたならば、その種が不利益を被ったのと同じ原因が別の種に利益を授《さず》けているだろうと確信してよい。

北に向かって旅をする場合も同じことが言えるわけだが、この場合の程度はいささか小さい。なぜなら、北にいくほど、競争相手も含めてあらゆる種類の種の個体数が減少するからである。北に向かうほど、あるいは高山に登るほど、南に向かったり高山から降りる場合よりも丈が低くて小さい矮小な植物を頻繁に目にするようになる。これは、厳しい気候の影響をもろに受けた結果である。北極や雪に覆われた山頂、あるいはまったくの砂漠に至ると、生存闘争の相手はほぼ完全に気象条件だけになる。

気候の影響は、むしろ主に他の種に利益をもたらすことによって間接的に作用する。この事実は、庭で栽培されているたくさんの園芸品種を見れば納得できる。それらは、こちらの気候には完璧に順応しているが、野生化することはできない。それは、イギリス在来の植物との競争には勝てないし、土着の天敵にも抗《あらが》えないからである。

大集団による種の保存

きわめて良好な条件がそろったおかげで狭い区域で種の個体数が異常に増加すると、往々にして伝染病の発生が見られる。少なくともこれは、イギリスの狩猟鳥獣ではよくあることだと思う。この場合は、生きるための闘争とは別の抑制がはたらいたことになる。しかし伝染病と呼ばれているもののなかには、寄生虫を原因とするもののもある。おそらくこれは、動物がひしめき合うようになったことで、たとえば寄生虫が広まりやすくなったなどといった好条件がもたらされたからなのだろう。そうだとしたらこの場合も、寄生者とその寄主とのあいだで、ある意味の闘争が起こっていることになる。

その反面、多くの場合、種の存続にとっては、天敵の数よりも同じ種の個体数のほうが多いことが絶対に必要である。たとえば畑でコムギやナタネなどの作物を大量に収穫できるのは、それを食べる鳥の数よりも種子の数のほうがはるかに多いからである。鳥のほうは、穀物の収穫期には過剰なほどの食物があるものの、冬期に個体数を削られてしまうため、食物となる種子の量に比例して個体数を増加させることはできない。一方、家庭菜園で少数の小麦などを栽培した場合、収穫を見込むのがいかに難しいかは、やったことのある人ならば誰でも知っている。私も試みたが、一粒の麦も収穫できなかった。

種の保存にとっては大集団であることが必要なのだという考え方からすれば、自然界で見られるいささか奇異な現象も説明がつくのではないかと思う。たとえば、きわめてまれな植物なのに、自生している数少ない場所には固まって大量に生えていたりする現象や、群生植物が分布の限界ぎりぎりの場所でもなお群生していたりする現象である。そのような場合については、植物が生存できるのはたくさんの個体がいっしょに生育できるほどの条件が整った場所だけであり、しかもいっしょに生育することで互いに全滅を免れているのだと考えればよいだろう。もっとも、群生することには、交雑の頻度が増すことによるプラスの効果と、近親交配が増すことによるマイナスの効果がありうるということも、あえて付け加えておきたい。ただしここでは、この複雑な問題にはこれ以上踏み込まない。

自然界における動植物の複雑な関係

同じ土地で生存闘争を演じなければならない生物どうしの妨害や相互関係が、いかに複雑で意外なものかについてはたくさんの例が記録されている。ここでは、単純な関係ではあるがとても興味深く思われる例を一つだけあげよう。私の親戚の領地がスタッフォードシャーにあって、そこを調査することができた。そこには人間の手が入ったことのない広大な荒れ野《ヒース》がある。一方、それと同じ状態だった何へクタールものヒースが二五年前に囲われてヨーロッパアカマツが植林された。植林された区域のヒースでは、そこに自生する植物の構成に、土壌の質が変わった場合に見られる変化よりも顕著な変化が見られた。もともとヒースに生える植物の数の比率ががらりと変わっただけでなく、ふつうならばヒースでは見つからない植物が一二種類も（イネ科とスゲの類は除く）植林地で繁茂していたのだ。そこにすむ昆虫が被った影響はさらに大きかったにちがいない。それというのも、ヒースでは見かけない食虫性の六種類の鳥を植林地ではたくさん見かけたからだ。それに対してヒースでよく見かけたのは、二種か三種の別種の食虫性の鳥だった。ウシが入り込めないように囲いがされた以外には何もしていないのに、ただ一つの樹種を導入しただけでこれほどの影響が出たとは驚きである。

囲いを設けることの大切さについては、サリー州のファーナム近郊で目《ま》の当たりにしたことがある。そこは広大なヒースの土地で、遠く離れた丘の上にヨーロッパアカマツの古い森が何カ所か残っている。一〇年前に広い範囲が囲われ、そこからアカマツがどんどん芽生えてきて、今では共倒れになりそうなくらい密に生えている。それらの若木は、人間の手で種子が蒔かれたものでも植林されたものでもなかった。それを確認した私は、若木の数の多さに驚くほかなかった。しかも、見晴らしのきく場所に立って見渡したところ、柵で囲われていない何ヘクタールものヒースには、以前植林された場所を除けば、文字どおり一本のアカマツも生えていなかったのだからなおさらである。

ところがヒースに生えている植物のあいだをよくよく調べたところ、アカマツの実生や低木がたくさん見つかった。ただしそれらには、絶えずウシに食われ続けてきたことを示す跡があった。アカマツの古い木立から何百メートルか離れた地点で、一メートル四方ほどの区画を選んで詳しく調べたところ、三二本のアカマツの低木が見つかった。そのうちの一本の年輪を数えると、その木は過去二六年にわたってヒースの植物のあいだから頭を突き出そうと奮闘したものの果たせずに来たことが確認された。なるほどこれならば、土地が柵で囲われたとたん、アカマツのたくさんの若木がぐんぐん成長して密に生えたのも不思議なことではない。しかし、ヒースはこんなにも荒涼としていてしかも広大である。そこにウシが入り込み、食物を丹念に探し回って食い尽くしていたとは、これまで誰も想像していなかったのである。

この例から、ヨーロッパアカマツの生殺与奪の権はウシが握っていることがわかる。

ところがよその国では、ウシの生殺与奪の権は昆虫が握っていたりする。おそらくそのもっとも奇妙な例を提供してくれるのはパラグアイだろう。パラグアイでは、ウシもウマもイヌも野生化していない。ところがそれより南の国や北の国ではそれらが野生化している。アザラとレンガーは、パラグアイには家畜の赤ん坊のへそに卵を産みつける寄生バエが他国よりもたくさんいることが、ウシもウマもイヌも野生化していない原因であることを証明した。ただでさえ多い寄生バエがさらに増加することは、何らかの仕組み、おそらくは食虫性の鳥によって常に抑えられているに違いない。したがって、その食虫性の鳥（それ自身の個体数は猛禽や肉食獣によって調節されているものと思われる）がパラグアイで増えれば、寄生バエは数を減らすことだろう。そうなればウシやウマが野生化し、その結果としてパラグアイの植生を大いに変えてしまうことだろう（まさに私は、南アメリカのほかの国でそれを目撃した）。すると再び昆虫が影響を受け、次にはスタッフォードシャーで見たように食虫性の鳥が影響を受けるということが、複雑さを増しながら延々と続いていくはずである。

この例では食虫性の鳥から始まって鳥で終わった。しかし自然界の関係はこれほど単純ではない。小競り合いが入れ子状に延々と続き、勝利の行くえも定まらないはずなのだ。それでも長い目で見れば、生物相互の力はみごとに均衡しており、些細なことで勝者の顔は変わりつつも、自然の見かけ自体は長期にわたって同じままである。ところがわれわれの知識は浅いのに、思い込みだけははなはだしい。そのせいで、生物の絶滅を耳にするとあわてふためき、原因もわからないまま、世界を飲み込んだとされる大洪水のせいにしたり、生物種には寿命があるなどという法則を考え出したりする。

自然界の序列において遠くかけ離れた存在である植物と動物が、複雑な関係の網の目によってどのように結ばれているかを示す例をもう一つあげたい。これについては後ほど詳しく述べる機会もあると思う。外来種であるベニバナサワギキョウ（Lobelia fulgens）は、イギリスの当地では昆虫の訪花を受けることがないため、花の構造が独特なせいもあって、種子をつけることができない。また、わが国に産するランの多くは、ガに訪花してもらい、花粉塊を取り出して受粉してもらう必要がある。あるいは、パンジーの受粉にもマルハナバチが欠かせないと信じてよい理由がある。パンジーを訪れるハナバチはマルハナバチ以外にいないからだ。私が試みた実験により、クローバーにとってはハナバチの訪花が、受粉する上で不可欠ではないにしろきわめて有益であることがわかった。しかしアカクローバーを訪花するのはマルハナバチだけである。他のハナバチは、蜜まで口が届かないのだ。したがって、マルハナバチのすべての属がイギリスから絶滅するかほとんど姿を消そうものなら、パンジーやアカクローバーもほとんど姿を消すか完全に消滅すると考えて間違いないだろう。

どこの地域でも、そこに生息するマルハナバチの数は、その巣を荒らすノネズミの数に大きく左右される。長年にわたってマルハナバチの習性を研究しているH・ニューマン氏によれば、「イングランド全土で三分の二以上のマルハナバチの巣がノネズミによって破壊されている」という。ネズミの数は、ご存じのようにネコの数に左右される。そこでニューマン氏は、「村や小さな町に近い場所のほうが、マルハナバチの巣が多いことに気づいた。それは、ネズミを殺すネコの数の多さによるものだと思う」と述べている。そういうわけで、ある種の花がその地域で見つかる頻度は、その地域にどれだけの数のネコがいるかによって決まる可能性があるのではないか、しかもそれにはネズミとハナバチが介在していると言ってよさそうである。

どの種においても、一生のうちのさまざまな段階、さまざまな季節や年に、多数のさまざまな抑制効果がはたらいているものと思われる。単一の要因や少数の生物がとりわけ大きな影響を及ぼしているということはあるが、種の平均個体数、あるいはその存続まで決めているのは、すべての要因の総合作用である。同じ種でも、大きな作用を及ぼしている抑制の中身がその種の生息地域ごとに大きく異なっていることを証明できる場合もある。われわれはよく茂った土手を覆う草本《そうほん》や低木を見ると、そこに生えている種数や個体数の割合は偶然のなせる業だと考えがちである。しかし、そういう考え方はとんでもない間違いである。

アメリカで森を切り開くと、その跡には以前とは大きく異なる植物が生えてくるという話は有名である。ところが、アメリカ南部の古代先住民の塚に生えている樹種は、周辺の原生林と同じくらいの多様さと構成比を示していることが観察されている。それら何種類もの樹種のあいだでは、過去何世紀もの間にはたしてどのような闘争が繰り広げられたのだろう。どの樹種も、毎年何千もの種子を散布してきたはずである。昆虫どうし、昆虫とカタツムリや肉食鳥獣などとのあいだで、どのような闘いが演じられてきたのか。どの生物もみな、個体数を増やそうと悪戦苦闘し、他の動物を食べたり、樹木やその種子、実生の苗を食べたり、林床をいち早く覆って若木の成長を妨害する植物を食べたりという関係が繰り広げられてきたのだ。一握りの羽毛を投げ上げれば、決まった法則にしたがって地面に落下するはずである。しかしそんな法則は、古代先住民の塚に生えている樹種の種類と構成比を何世紀もかけて決めた無数の植物と動物の作用と反作用に比べれば、いかにも単純である。

生存闘争の厳しさ

寄生者とその寄主などのように、ある生物と別の生物との依存関係は、自然界の序列において遠く離れた生物間で成り立っているのがふつうである。この関係は、バッタと草食獣との関係がそうであるように、厳密な意味で互いに生存をかけて闘争していると言える関係でよく見られる。しかし、いちばん厳しい闘争が演じられるのは、ほぼ決まって同種の個体間においてである。同じ場所にいて、同じ食物を必要とし、同じ危険にさらされているものどうしだからだ。

同種の変種間においても、一般にほぼ同じくらい厳しい闘争が演じられる。しかもその闘争の結果がすぐに確認できる場合もある。たとえば、小麦の変種を何種類かいっしょに蒔き、収穫した種子を混ぜて再び蒔いたとしよう。すると、その土壌や気候にいちばん適した変種か、もともといちばん生産量の高い変種が他を押しのけてたくさんの種子をつけることになり、数年後には他の変種を完全に排除していることだろう。

スイートピーの色変わりのようにきわめて近縁な変種の場合でも、混ざり合った植込みを維持していくためには、毎年別々に種子を採取した上で、種子を適切な割合で混合して蒔かなければならない。そうしないと、弱い変種の株がどんどん減っていき、消えてしまうからだ。同じことはヒツジの変種でも言える。山地系のある変種が食草を独り占めしてしまい、別の山地系の変種を飢えさせてしまうことが知られているのだ。そのため、両方のヒツジをいっしょに飼うことはできない。医療用のヒルの異なる変種をいっしょに飼った場合も同様の結果に至る。家畜や栽培植物の異なる変種をいっしょに育てた場合、自然状態と同じように闘争するにまかせ、種子や子どもの選別も行なわないまま五、六世代放置したとしたらどうだろう。それでも当初の変種の構成比が維持されるとしたら、それら変種の競争力、習性、体質はまったく同等ということになるが、そういう結果になるかどうかは疑問だろう。

同属の種は、必ずというわけではないが、習性や体質において、そして形態面でも、常によく似ているのがふつうである。そのため、一般には別属の種間の場合よりも同属の種間における生存闘争のほうが厳しくなるはずである。この例としては、合衆国で、ある一つの種のツバメが分布域を拡大したことにより別の種が数を減らしたという最近の事例がある。スコットランドでは最近になってヤドリギツグミが分布域を広げたことにより、ウタツグミが減少した。気候が著しく異なる環境では、イエネズミの種が入れ替わるという話をよく耳にする。ロシアでは、アジア産の小型のゴキブリがいたるところで同属の大型種を追い払ってしまった。アブラナ科のノハラガラシは、同属の他の種を排除してしまう。そのほかにも例はいくらでもある。自然界の経済秩序の中でほぼ同じ場所を占めている似たものどうしの競争がこれほど厳しい理由についてはなんとなく理解できる。しかし、生存をかけた闘いにおいて、ある種が別の種に勝利した理由を明確にすることができた例は、おそらく一つもないだろう。

もっとも重要な関係

これまでの議論から、きわめて重要な結論が引き出せるかもしれない。すなわち、あらゆる生物の構造は、食物やすみかをめぐって競争する相手や、逃れなければならない相手、獲物にする相手など、他のあらゆる生物の構造と、たいていは見た目ではよくわからないが、きわめて本質的な面で関係し合っているということだ。そのことはトラの牙と爪の構造を見れば明らかである。あるいは、トラの体毛にしがみつく寄生虫の脚と鉤爪《かぎつめ》を見ても明らかである。しかし、華奢な冠毛をもつタンポポの種子や、水かきのようなゲンゴロウの脚を見ただけでは、それらの存在は空気や水との関係でしかないように見える。ところがタンポポの冠毛がもたらす利点は、他の植物に占有された地面と緊密な関係がある。冠毛のおかげで、種子を遠くまで分散させ、空き地に落下させることができるからだ。ゲンゴロウの脚は遊泳に適応しているため、他の水生昆虫との競争において有利となる。獲物を捕らえたり、自分が獲物にならないよう逃げたりする上できわめて有効だからだ。

多くの植物が種子に栄養分を蓄えていることは、一見しただけでは他の植物とはまったく関係のないことのように思える。しかしそのような種子（たとえばエンドウなどの豆類）を丈の高い草本類の只中に蒔くと、そういう種子から芽生えた苗は力強く成長する。それを考えると、種子に蓄えた栄養分の最大の用途は、周囲でたくましく成長する他の植物に伍して実生の苗が力強く成長するためなのではないかと思えてくる。

自分が属する種の分布域の真ん中で生育している植物を見てみよう。なぜ、その個体数は二倍、四倍に増えないのだろうか。その生育場所の気候よりも、少しばかり暑かったり寒かったりしても、あるいはもうちょっと湿潤だったり乾燥していたりしても、その植物は完全に対応できるはずだ。なぜなら、分布域の周辺は、もっと暑かったり寒かったり、湿潤だったり乾燥していたりするはずで、現にそこでも生育しているからだ。この例からはっきりとわかることは、植物に個体数をもっと増やす力を与えたいと思うならば、その競争相手をしのげるような利点、その天敵を出し抜けるような利点を与えなければならないということだろう。

地理的な分布域という制約については、気候に関連した体質の変化を遂げることが、その植物にとっては明らかな利点となるだろう。しかし、気候条件の厳しさに耐えられるぎりぎりの土地まで進出している動物や植物はそれほど多くないようだ。北極圏とか砂漠の縁でも、ほんとうにぎりぎりの生活条件に到達するまで、競争は存在することだろう。極端に寒かったり極端に乾燥している土地でも、少数の種間や同種の個体間で、少しでも暖かい場所や湿った場所をめぐる競争があるはずなのだ。

そういうわけで、植物や動物が新しい土地で新しい顔ぶれの競争相手の只中に置かれたとしたら、気候条件はそれまでいた土地とまったく変わらない場合でも、生活条件はがらりと変わったという言い方ができるだろう。新しい土地においてその種の平均個体数を増加させたいと望むなら、もとの土地ですべきだったこととは異なる仕方でその種を変えなければならないだろう。以前とは顔ぶれの異なる競争相手や天敵をしのげるような利点を授けなければならないからである。

生物が他の生物をしのぐためにはどのような利点を授ければよいだろうかと想像してみるがいい。何を授ければうまくいくかがわかるような例は一つもないはずだ。単に、生物の相互作用については何も知らないことを思い知らされるにすぎない。もっともそういう自覚は、なかなか得がたいだけに必要なことである。

すべての生物は、指数関数的な増加率で増えようと悪戦苦闘している。しかも、一生のうちのある期間、一年のうちのある時期、各世代、あるいはときに応じて、生存をかけた闘争を演じ、大量の死を被らなければならない。この事実を肝に銘じることくらいしか、われわれにできることはない。そうした闘争について考えると悲嘆したくなるかもしれないが、慰めもなくはない。自然の闘いは絶え間なく続くわけではなく、一般に死は即座に訪れるもので、恐れは感じないし、頑健で健康で運のよい個体が生き残って繁殖するのだと固く信じれば慰めもあるというものだ。

第4章　自然淘汰

人為選抜と比較した場合の自然淘汰の威力――価値の低い形質に対する自然淘汰の威力――成長段階のあらゆる時期と両性に対する自然淘汰の威力――性淘汰――同種の個体間における交雑の普遍性について――自然淘汰説に有利な状況と不利な状況すなわち交雑、隔離、個体数――緩慢な作用――自然淘汰によって引き起こされる絶滅――狭い地域の居住者の多様性および帰化に関係した形質の分岐――祖先を共有する子孫に対する形質の分岐と絶滅を介した自然淘汰の作用――全生物のグループ分けを説明する

人為選抜との比較

前章で手短に論じた生存闘争は、変異に対してどのように作用するのだろう。選抜の原理は人間の手で行なう場合にはきわめて有効であるが、この原理は自然界にも適

用可能なのだろうか。それは自然界でもきわめて効果的にはたらきうるというのが、私の考えである。覚えておいてほしいのは、飼育栽培品種はじつに奇妙な変異を無数に生じるし、野生生物も、程度こそ少ないものの、やはりたくさんの変異を生じるということだ。それと、遺伝する性質はきわめて強いということも覚えておいてほしい。

飼育栽培下では、生物体全体がかなり変わりやすくなるという言い方もできる。あらゆる生物どうしや生物と物理的環境との相互関係はとても複雑で緊密であるということも覚えておいてほしい。したがって人間にとって有用な変異は実際に生じているわけで、複雑にからみ合った大々的な生存闘争において個々の生物が有利となるような変異が、何千世代も重ねる中で生じないともかぎらないではないか。ほんとうにそういう変異が生じているとしたら（生き残れる以上の子どもが生まれるということを考えれば）、たとえわずかなものであれ、他の個体よりも有利な変異を備えた個体は、生き延びて同じ性質の子どもを残す可能性が大きいと考えられないだろうか。その一方で、少しでも不利な変異は確実に排除されることもまた、確かなような気がする。

このように、有利な変異は保存され、不利な変異は排除される過程を、私は自然淘汰と呼んでいる。有利でも不利でもない変異は、自然淘汰の作用には引っかからないだろう。その場合は、変動的な要素として複数の変異が残されることになる。多型が見られる種、すなわち複数の異なるタイプの個体が見られる種の場合がそれにあたる。

自然淘汰の作用のしかたについては、何らかの物理的変化、たとえば気候変化などが起こっているような土地を想定するといちばんわかりやすいだろう。その土地にすむ生物の構成比がほぼただちに変化するだろうし、なかには絶滅する種も出るだろう。それぞれの土地にすむ生物間の緊密で複雑な結びつきについてはすでに論じた。そのことを考えると、気候の変化自体とは別に生物種の構成比が変わっただけでも、多くの生物が深刻な影響を受けるだろうと結論してよい。その土地が隔離されていなければ、新しい種類が移住してくるはずで、そのことがまた、先住者たちの関係を乱すことになる。ただ一種の樹木や哺乳類の導入で甚大な影響が出た例を思い出してほしい。

しかし、障壁に一部取り囲まれた土地や島の場合は、適応度で勝る新顔といえども自由に入り込むことはできない。そういう環境には、自然界の経済秩序の中に満たされていない居場所が存在している。そこは、もともとそこにいる生物がいくらかでも変われればうまく適応できるような居場所である。本来ならばそこは、移住が許されるものならば、新たな侵入者によって占有されるはずの場所なのである。そのような状況で、多くの世代を重ねる間に種にちょっとした変化が生じたとしたらどうだろう。もしそれが、変更された生活条件にうまく適応できるという点でその種の個体に何らかの利益をもたらすような変化ならば、たとえわずかな変化でも、すべて保存されることになるだろう。そして自然淘汰によって、その生物が存分に改良される可能性がもたらされる。

第1章で述べたように、生活条件の変化、それもとくに生殖器官に作用する変化が起こると、変異を生じる原因となったり、変異性を高めることになると考えてよい根拠がある。先にあげた例では、生活条件の変化を想定しており、そのことは自然淘汰が作用する上で明らかに好都合となる。有益な変異が生じやすい状況が生まれたことになるからだ。とにかく、有益な変異が生じないかぎり、自然淘汰には何もできない。

私は、ありあまるほどの変異が必要だとは思っていない。単なる個体差を好きな方向に蓄積するだけで大きな成果を生み出すことが人間にできるのだから、自然にもできないはずがない。しかも、はるかに易々《やすやす》と。なにしろ自然は、膨大な時間を自由に使えるのだ。

私はまた、気候変化のような物理的環境の大変化や、よそからの移住を妨げる障壁など実際に存在しなくても、自然淘汰の作用によって変更され改良された変異個体が、空いている生息場所を新たに占めることは可能だと思っている。なぜなら、どの土地でもそこにすむ生物はみな絶妙なバランスを保ちつつ闘争し合っており、ちょっとした構造の変化や習性の変化が生じただけで、その生物は他の生物よりも有利になりうるからである。その変化がさらに進めば、なおいっそう有利になるかもしれない。

土着生物のすべてが他の生物や生息している物理環境に完璧に適応しており、どれもみな一点の改良の余地もないなどという土地はありえない。その証拠に、野生化した飼育栽培生物に土着生物が圧倒され、よそ者に領有権を乗っ取られた土地はいくらでもある。一方、よそ者が土着生物の一部を打ち負かすということがいたるところで起こっているからには、土着生物の側も逆に、そのような侵入者に対抗できる有利な変化を起こしているかもしれない。それは大いにありうると、私は思っている。

人間は品種を改良するにあたって、選抜という方法を無意識に採ることで大成功を収められるし、現に収めてきた。人間にできることが自然にはできないなどということがあるだろうか。人間は、目に見える外面的な形質にしか手をつけられない。自然は、体ところが自然は、何かにとって有用でないかぎり、外見には関心を示さない。自然は、体内のあらゆる器官、体質のあらゆる微妙な違い、生きるための仕組み全体に作用を及ぼすことができる。人間は自分たちの利益になるものだけを選抜する。それに対して自然は、自分が目をかける生物の利益のためだけに選抜する。選抜されるすべての形質は自然に鍛えられ、選ばれた生物は申し分なく適合した生活環境に置かれる。

それに対して人間は、本来はさまざまな気候の土地にすんでいた生物を同じ一つの土地に持ち込んで飼育栽培する。選抜した形質を特定の適切なやり方でいちいち鍛えることもない。くちばしの長いハトも短いハトも同じ餌で育てる。胴長の家畜や脚の長い家畜を特定のやり方で鍛えることもしない。毛の長いヒツジも短いヒツジも同じ気候の下で飼う。雌をめぐって強い雄を競わせることもしない。劣っている動物をすべて間引いてしまうということもしない。それどころか、季節の移り変わりに負けぬよう、力の及ぶかぎり自分の家畜を守ろうとする。半ば奇形の個体から選抜を開始する場合も多いし、そうでなくても、とにかく目を引くほどの変異を生じた個体や、単に自分にとって有用な個体から選抜を開始する場合も多い。

ところが自然界では、構造や体質のごくわずかな違いが、生存闘争における微妙なバランスを変えてしまう。そしてその違いが保存されたりする。人間の願望や努力など無に等しい。しかも人間に許された時間はまことに短い。そのせいで、自然が地質年代のすべてをかけて蓄積してきた産物に比べ、人間が作り出すものはいかにも貧弱である。したがって、自然の産物が人間の産物よりもはるかに「本物」の性質を備えていても、何の不思議もない。自然の産物のほうが、複雑きわまりない生活条件にはるかに適応し、すばらしく高度な技量が発揮された刻印を背負っていて当然なのだ。

自然淘汰は、世界のいたるところで一日も一時も欠かさずに、ごくごくわずかなものまであらゆる変異を精査していると言ってよいだろう。悪い変異は破棄し、よい変異はすべて保存し蓄積していく。個々の生物を他の生物との関係や物理的な生活条件に照らして改良すべく、機会さえ与えられればあらゆる時と場所で静かに少しずつその仕事を進めている。長い年代が経過するまで、ゆっくりと進むその変化にわれわれが気づくことはない。しかも、遠い過去の地質年代を見るわれわれの目は曇っているせいで、現在の生物は過去の生物とは違うということくらいしかわからないときている。

自然淘汰の威力

自然淘汰は、個々の利益を通して、その利益のためにしか作用できない。ただし、たとえとても些細な価値しかなさそうに思える形質や構造に対しても作用することができる。葉を食べる昆虫は緑色で、樹皮を食べる昆虫は斑《ふ》入りのグレー、高山にすむライチョウの冬の羽色は白、ヌマライチョウは紫紅色、クロライチョウは泥炭色をしているのを見ると、それらの色合いはそれぞれの鳥や昆虫が敵の目をごまかす上で役立っているのだろうと考えるしかない。

ライチョウ類は、一生のうちのある時期に大量に死ぬことがないとしたら、むやみに殖えてしまうことだろう。ヌマライチョウの最大の天敵は猛禽である。タカは、視覚で獲物を探す。そのため、ヨーロッパでは場所によっては白いハトは飼わないほうがよいとされている。目立つせいでタカに狙われやすいからである。そういうわけで、自然淘汰はライチョウ類のそれぞれに種固有の羽色を授け、いったん獲得された後はその色が特定の羽色として維持されるよう最大限の効果を発揮したのではないか。ある特定の色をした動物がときおり殺されてもその影響はほとんどないと、考えるべきでもない。少しでも黒みを帯びた子ヒツジはすべて間引かないと、白いヒツジの群れは維持できないということを思い出してほしい。

植物学者は、果実表面の柔毛と果肉の色はさして重要な形質ではないと見なしている。しかし傑出した園芸家であるダウニングによれば、合衆国では表面の滑らかな果実は、柔毛の生えた果実よりもシギゾウムシの害をはるかに受けやすいという。あるいは、紫色をしたプラムは黄色いプラムよりもある病気にかかりやすいし、果肉の黄色い桃は果肉が黄色くない桃よりも別の病気にかかりやすいという。あらゆる技術を駆使してもなお、異なる変種を栽培する上でそうした些細な違いが大きな差異を生むのである。ならば、樹木どうしが闘争し合い、たくさんの天敵とも闘争している自然界にあって、最終的にどのような変種が成功を収めるのかを決定するのは何だろうか。果実がすべすべの変種か果実に柔毛の生えた変種か、果肉が黄色い変種か紫色の変種か、そのようなちょっとした差異のあるなしによって成功するしないが決まるのではないだろうか。

種間で見られるたくさんの小さな差異は、何もわかっていないことを承知で言えば、ほとんど重要そうには見えない。しかしそうした差異については、小さいにしても気候や食物そのほかの要因が直接的な影響を及ぼしている可能性を忘れてはいけない。それ以上に重要なのは、成長の相関作用についてはわかっていない法則がたくさん存在するということを留意しておくことである。成長の相関作用とは、変異が生じることで体の仕組みの一部が変更されると、その変更が有益な場合は自然淘汰によって蓄積される際に、多くの場合はまったく予想もしていなかったような別の変更も同時に引き起こされるということである。

飼育栽培下では、一生のうちのある特定の成長段階に出現する変異は、その子孫でも同じ段階に出現する傾向があることがわかっている。たとえば、さまざまな野菜の品種では種子、カイコの品種では幼虫や繭《まゆ》、ニワトリでは卵、あるいはヒヨコの綿羽の色、ヒツジやウシではほぼ成熟した段階の角などである。したがって自然状態でも、自然淘汰はどんな成長段階にある生物に対しても作用し、それを変更できるはずである。特定の成長段階における好ましい変異を蓄積し、子孫でもそれと同じ成長段階で出現するように遺伝させればよいのだ。種子を風に乗せて遠くまで散布することが植物にとって有益ならば、自然淘汰がそれを実現させることは、綿花の栽培業者がワタの種子につく実綿《みわた》の量を選抜によって増加させるよりもたやすいことのように思える。

自然淘汰には、昆虫の幼虫の姿形や習性などを変更し、成虫が遭遇する状況とはまったく異なる多数の不測の事態に適応させることができる。そうした変更が幼虫に生じたならば、成長の相関作用の法則により、成虫の形態にも影響が出るはずである。たとえば成虫の寿命はほんの数時間しかなく食物もとらないような昆虫ならば、成虫に見られる形態の大部分は幼虫の形態に起きた一連の変更と関連したものになるだろう。逆も同じで、成虫に起きた変更は幼虫の形態にも影響を及ぼす場合が多いだろう。しかしいずれにしても、ある成長段階で変更が生じたことによって別の段階でも生じた変更が有害なものではないことは、自然淘汰が保証するはずである。さもなければ、その種は絶滅しかねない。

自然淘汰は、親との関係で子の形態を変更したり、子との関係で親の形態を変更したりする。社会性動物では、自然淘汰により、個体それぞれの形態がその共同体の利益になるように適応させられている。ただしあくまでも、引き起こされた変更がその共同体の利益になっている場合の話である。自然淘汰にできないこともある。それは、その種自身にはいかなる恩恵もないまま、他の種の利益になるように種の形態を変更することである。自然史学の文献では例外的な結果に関する記述も見うけられるが、調査に値する例は一つも見つからなかった。動物には一生に一度しか使われない構造もあるが、それがその動物にとってきわめて重要な構造だとしたら、自然淘汰によってある程度までは変更されうる。たとえば、ある種の昆虫が備えている大きなあごは、繭に穴を開けて羽化《うか》するためだけにしか使用されていない。

鳥の雛のくちばしには、卵の殻を内側から割るためだけに使用する硬い突起がある。短嘴《たんし》系の最良のタンブラー種の雛は、卵を割ることができず、殻の中で死んでしまうケースが多いと言われている。そのため愛鳩家は、卵の殻を割って孵化を助けてやる。ハトの利益になるよう、成鳥のくちばしをきわめて短くしなければならなかったとしたら、自然は、その変更をとても緩慢に執り行なうはずである。そしてそれと同時に、卵の中にいる雛にも、頑丈で硬いくちばしをもつような選抜を律儀に執り行なうはずである。貧弱なくちばしでは、孵化できずに死んでしまうからだ。あるいは、薄くて割れやすい殻を選抜する手もある。殻の厚さにも、他の構造と同じように変異が生じることが知られている。

雌雄間での選択

性淘汰——飼育下では、雌雄のうちの一方だけに奇妙な特徴が出現し、それがその性に遺伝的に固定している例が多い。自然界でもおそらくそれと同じことが起こっている。そうだとしたら、自然淘汰は、一方の性だけを、もう一方の性との機能面の関係において変えることができる。あるいは、昆虫の例で見られるように、雌雄でまったく異なる習性に変えることも可能なのだろう。そこで、私が「性淘汰」と呼ぶ原理について手短に論じよう。

性淘汰は、生存闘争ではなく、雌をめぐる雄どうしの闘争によって決まる。その闘争によって敗者が死ぬことはないが、子孫をほとんど、あるいはまったく残せなくなる。したがって性淘汰は、自然淘汰ほど厳しいものではない。一般には、いちばん頑健な雄が自然界におけるその種の居場所にいちばん適合している個体であり、いちばんたくさんの子孫を残す。しかし多くの場合、勝敗を決するのは全般的な頑健さではなく、雄独特の武器を備えているかどうかである。角のない雄ジカや蹴爪《けづめ》のない雄鶏が子孫を残せる可能性は低い。性淘汰は、常に勝者だけに繁殖を許すことにより、不屈の闘争心、長い蹴爪、蹴爪のある相手の脚を払えるほど強い翼を授ける。それはまさに、残酷な闘鶏愛好家が、最良の雄鶏を慎重に選抜することで品種改良を行なうのと同じである。

自然界の序列のどれくらい下までこの闘いの法則が存在するのか、私にはわからない。アリゲーターの雄は、闘いの踊りを踊るアメリカ先住民のように、雌の所有権をめぐって闘い、大きなうなり声を出しながらぐるぐる回ると、文献にはある。サケの雄の闘いは一日中続くという。クワガタムシの雄は、相手の雄の巨大な大あごによってしばしば傷を負う。おそらく雄どうしの闘いが最も激しいのは、一夫多妻性の種だろう。そういう種の雄は、闘争用の特殊な武器を備えている例が最も多い。肉食獣の雄は、それでなくても立派な武装をしている。ただし肉食獣の場合もそうでない場合も、性淘汰により、特殊な防御装置が授けられていたりする。ライオンのたてがみがそうだし、イノシシの雄の肩パッド、サケの雄の曲がった上あごの先もそうだ。闘いで勝利するには、剣や槍だけでなく楯も重要なのだ。

鳥類の争いはたいていもっと穏やかである。このテーマに注目した人はみな、鳥類の多くの種の雄どうしは、囀《さえず》りで雌をひきつけるために激しい競争をしていると確信している。ギアナのマイコドリやニューギニアのフウチョウなどは、雄が一カ所に集まり、周辺で見物する雌の前で次々と派手な羽を見せつけながら奇妙な踊りをする。そして雌は、最後まで見てからいちばん魅力的な雄を選ぶ。禽舎の鳥を世話したことのある人は、鳥たちはよく個体の選り好みをすることを知っている。サー・H・ヘロンは、まだら色をした雄クジャクがすべての雌のクジャクの気をひいたと書いている。

性淘汰などという強制力の弱そうな手段が影響力を発揮するというのは子どもじみた主張に聞こえるかもしれない。今ここで、性淘汰説を補強するために詳細な議論を行なう余裕はない。しかし、人間は自分たちの美意識に従ってバンタム種のニワトリに優雅な物腰と美しい羽を与えることに短期間で成功したではないか。ならば、雌鳥が自分たちの美の基準に従って囀りや羽色の最も美しい雄を何千世代もかけて選抜し、著しい結果をもたらす可能性を疑う理由は見当たらない。鳥の雄と雌の羽色と幼鳥の羽色との違いに関するよく知られた法則のなかには、主に繁殖年齢に達した鳥か繁殖期の鳥に性淘汰が作用した結果として説明できるものがあると私は思っている。性淘汰で生じた羽色の変化は、雄だけ、あるいは雄と雌の両方で、該当する年齢か特定の季節に出現するよう遺伝的に固定されたものなのだ。しかしこの問題にこれ以上立ち入る余裕はない。

そういうわけで私は、動物の雄と雌が一般的な習性は同じなのに形態、色、飾りなどの点で異なる場合、そうした性差が生じた原因は主に性淘汰にあると信じている。すなわち、世代を重ねる中で、武器、防御手段、魅力などの点で他の雄よりも少しでも有利な雄が出現し、その利点を子孫の雄に伝えたのである。とはいえ、そのような性差のすべてをこの性淘汰の作用のせいにするつもりはない。というのも、家畜や家禽で、闘いにおいても雌をひきつける上でも役に立ちそうにない奇妙な特徴（イングリッシュキャリアーの肉だれや雄鶏の角状の突起など）が雄に生じ、それが遺伝的に固定するということがあるからだ。似たような事例は野生の動物でも見られる。たとえばシチメンチョウの雄の胸に生じる房毛などは、鳥にとっては有用でも飾りでもなさそうなものである。それどころか、そんな房毛が家禽に出現しようものなら奇形と呼ばれかねないだろう。

自然淘汰のはたらき

自然淘汰が作用した例——自然淘汰はどのように作用するのか、私の考えを明確に説明するために、仮想の例を一つ二つ述べさせていただきたい。

オオカミは、それぞれ知恵や体力や足の速さなどを利用して獲物を捕まえているとしよう。そして、たとえばシカのような足の速い獲物が、その土地で起こった何らかの変化のせいで数を増やしたとしよう。あるいは、オオカミがいちばん食物不足になる季節に、シカ以外の獲物が数を減らしたとしよう。そのような状況で生き延びる可能性が最も高いのは、最も敏捷《びんしょう》でスリムなオオカミであり、そういう個体が保存されるか選抜されていくのが当然だと思う。ただしそれは、それらのオオカミが、獲物を捕まえる必要が生じたときには一年中いつでも、獲物を倒す力を保持していると仮定した場合の話である。人間は、グレーハウンドの足の速さを選抜育種によって向上させることができる。その選抜のしかたは、周到に順序だてた選抜であることもあるし、品種を変えようなどとは誰も思わないまま、ただ単に最良のイヌを飼い続けた結果としての無意識の選抜である場合もある。オオカミに自然淘汰が作用する上記の例は、グレーハウンドの場合よりも可能性が高くて当然だと思う。

われわれが想定するオオカミの獲物となる動物の構成比が変わらない場合でも、ある特定の種類の獲物を追いかける習性を生まれつきもったオオカミの子どもが生まれるという可能性もある。この想定も、まったくありえないわけではない。家畜の場合でも、生まれつきの性質に大きな違いがある例をよく見かけるからだ。たとえばドブネズミばかり捕まえるネコもいれば、ハツカネズミしか捕まえないネコもいる。セント・ジョン氏によれば、あるネコは猟鳥ばかり、別のネコはノウサギばかり、さらに別のネコはたいてい夜に湿地で狩りをしてタシギやヤマシギを捕まえて来るという。ネコがハツカネズミよりもドブネズミを捕まえる性質は遺伝することがわかっている。

さてそこで、一頭のオオカミの習性か形態に、わずかだけその個体の利益になる生まれつきの変化が起こったとしよう。すると、その個体は生き延びて子孫を残す可能性が高くなる。そしてその子どもの一部にも、同じ習性なり形態が遺伝することだろう。この過程が繰り返されていけば、オオカミの新しい変種が形成され、もとのオオカミ集団に取って代わるか、共存するようになるかもしれない。あるいは、山地にすむオオカミと、しばしば平地に出没するオオカミとでは、狩る獲物が必然的に異なることになる。それぞれの場所に最も適合した個体が保存され続ければ、徐々にではあるが、二つの変種が形成されるかもしれない。その二つの変種が出合う場所では交雑が起こって混ざり合うことだろう。しかしこの交雑という問題については、後ほどすぐ改めて論じるつもりだ。それはともかく、ピアース氏によれば、合衆国のキャッツキル山地には実際にオオカミの二つの変種がいるという。一つはすばしこいグレーハウンドに似た種類で、シカを追いかけて狩りをする。もう一つは脚の短いがっしりしたタイプで、ヒツジの群れを襲うことが多いらしい。

次はもう少し入り組んだ例を考えてみよう。いろいろな植物が甘い汁を分泌する。それは、植物体内から有害な成分を除去するためとも思える。マメ科のあるものは葉の付け根にある托葉《たくよう》基部の分泌腺から、ゲッケイジュは葉の裏にある分泌腺から分泌する。その甘い蜜は、量は少ないものの、昆虫の大好物である。

そこで、花の中の花びらの根元から少量の甘い蜜が分泌されるとしてみよう。その場合、蜜を求めて花の中にもぐりこむ昆虫は花粉まみれとなり、その花粉を別の花の雌しべに運ぶケースが多くなることだろう。そうなると、同種の別個体の花粉によって受精することになる。つまり交雑が起こるわけだ。この交雑が起こると、とても丈夫な苗が作られると信じていい根拠がある（それについては後ほど触れる）。そしてその結果、よく成長するし、生き延びる可能性も大きくなる。そうやって育った苗のなかには、蜜を分泌する能力を遺伝しているものがいるだろう。そういう花のなかでもいちばん大きな蜜腺をもち、大量の花蜜を分泌する個体には昆虫が最も頻繁に訪れ、交雑の機会も多くなる。そして最終的には他に優ることになる。あるいは、雄しべと雌しべの配置が、訪花する特定の昆虫の大きさと習性に適応している花も、花粉を媒介してもらう上で有利となるため、選抜されていくことだろう。

花蜜ではなく花粉を集めるために訪花する昆虫を想定することもできる。花が花粉を生産する唯一の目的は受精である。したがって花粉を食べられることは、植物にとっては損失以外の何ものでもない。しかし、花粉を食べる昆虫によって、最初は偶然に、やがては常習的に少量でも花から花へと花粉が運ばれて交雑が起こるとしたら、花粉の九割は食べられてしまうとしても、植物にとっての見返りは大きいかもしれない。その結果、より大量の花粉を生産し、より大きな葯《やく》［雄しべの先端にある、花粉を収めた部分］をもつ個体が選抜されることになるだろう。

昆虫にとってきわめて魅力的な花になると、昆虫の側は意図しないまま常に花粉を花から花へと運ぶことになる。しかも昆虫がその仕事をとても効果的に実行できている例なら、いくらでもあげることができる。ここでは一例だけ紹介しよう。すばらしい例とはいえないが、植物の雌雄の分離への一歩という、いずれ詳しく論じるべき話題とも関連のある例である。

セイヨウヒイラギには、雄花だけをつける株と、雌花だけをつける株がある。雄花には、どちらかといえば少量の花粉をつける四本の雄しべと痕跡的な雌しべがある。雌花には完全な雌しべと、葯が縮んでいて花粉はいっさいついていない四本の雄しべがある。私が見つけた一本の雌株は、近くの一本の雄株からきっちり五五メートルの距離にあった。

私はそれぞれ異なる枝から二〇個の雌花を採集し、雌しべの柱頭を顕微鏡で調べてみた。すると一つの例外もなく、すべての柱頭に花粉が付着していた。なかには大量の花粉が付着したものまであった。過去何日かの風向きは雌株から雄株の方向だったため、花粉が風で運ばれた可能性はなかった。気温は寒く荒れぎみの天候が続いていたので、ハナバチの活動には不向きだった。しかしそれにもかかわらず、私が調べた雌花のすべてが、花粉まみれになりながら花蜜を求めて木から木へ飛び回るハナバチによってきちんと花粉が媒介されていたのだ。

先に想定した例に話を戻そう。昆虫にとって魅力的な花となり、常に花粉が花から花へ運ばれるようになった花では、別の自然淘汰が作用し始めるかもしれない。「生理的分業」と呼ばれるものの利点に異議を唱えるナチュラリストはいないだろう。だとすれば、雄しべだけしかない花やそういう花だけをつける株と、雌しべだけしかない花やそういう花だけをつける株に分かれていたほうが、植物にとっては有利なのではないか。栽培下にあり、新しい生活条件に置かれた植物では、雄性器官や雌性器官が不能ぎみになっているものがある。そういうことが、自然条件下でもごくわずかだけ起こるとすればどうだろう。その植物はすでに花粉を花から花へ運んでもらえるようになっているとしたら、雌雄の分離が進んだほうが、分業の原理からいって有利なはずである。だとすれば、雌雄の分離が進んでいる個体のほうがどんどん選ばれていき、ついには雌雄の完全な分離が起こるのではないだろうか。

花蜜を吸う昆虫についても考えてみよう。人為選抜を続けることで花蜜の量を増加させた植物があちこちでよく見つかる普通種になったとしよう。そしてある種の昆虫がその花蜜を主食にしていると想定しよう。ハナバチが時間の節約に熱心なことを示す実例はたくさんある。たとえば、少しの労を厭《いと》わなければ花の口から入れるのに、花の基部に穴をあけてそこから蜜を吸うという習性がそうだ。そうした事実を考えると、昆虫の大きさや形状、口吻《こうふん》［液状の食物を摂取するために長く変形した口器］の曲がりぐあいや長さなどの偶然の変化が、たとえわれわれの目にはそれとわからないほど小さな変化であっても、その昆虫の利益になるのではないか。そのような形質をもつ個体は採食にかける時間を節約できるようになり、生き延びて子孫を残す可能性がその分だけ高くなるはずだからである。そしてその子孫にも、同じように形態が変化する傾向が遺伝することとだろう。

アカクローバー（Trifolium pratense）とクリムソンクローバー（T. carnatum）の花冠の筒の長さは、ちょっと見には同じに思える。ところが、ミツバチはクリムソンクローバーからは吸蜜できるが、アカクローバーからは吸蜜できない。アカクローバーを訪花するのはマルハナバチだけである。そのため、アカクローバーが咲き誇る野原は、ミツバチにとっては手の届かない蜜源である。だとすると、ミツバチにとっては口吻の長さが少しだけ長かったり、形状が違っていたりすれば、とても有利な立場に立てる。

一方、クローバーの受精率は、ハナバチが訪花して花冠の一部を動かし、花粉を雌しべの先端部分［柱頭］の表面に押し付けてくれるかどうかに大きく左右されることを、私は実験で確かめた。したがってマルハナバチがほとんどいなくなってしまった土地に咲くアカクローバーにとっては、ミツバチが訪花できるように花冠の筒が短くなるか、深く切れ込んだものになれば、とても有利になる。このように想定すれば、花とハナバチが、両者同時、あるいは一方がもう一方の後を追うかっこうでゆっくりと変化し、互いにとっていちばんよいかたちで適応しあうようになっていく過程が理解できる。構造を双方にとって有益な方向に少しだけ変化させた個体が代々保存されていけばよいのだ。

私が上記の仮想例で説明した自然淘汰説に対しては、サー・チャールズ・ライエルが「地球で進行中の変化による地質学の例証」に関して展開した壮大な見解に当初向けられたのと同じ反論が寄せられるだろうと覚悟している。しかし、ライエルの説に対して、たとえば海岸に押し寄せる波の作用によって巨大な渓谷や内陸の長い断崖が形成されたという説明にあからさまに反対する声は、今やめったに耳にしない。自然淘汰の作用は、保存されてきた個体にとって有利にはたらくとても小さな遺伝的変化を保存し蓄積するだけである。現代の地質学は、巨大な渓谷を形成したのはたった一回の大洪水であるといった説を、ほぼ追放してしまった。それと同じように、自然淘汰説が正しいとしたら、新しい生物は繰り返し創造されてきたという信念や、生物の構造は突然がらりと変化するという信念も追放されることだろう。

交配について

個体間の交雑について――ここで少しのあいだ、話を横道にそらさなければならない。雌雄に分かれている生物では、子が生まれるにあたっては二つの個体がそのたびに結ばれなければならない。ところが雌雄同体動物の場合、話はそれほど単純ではない。それでも私は、どんな雌雄同体動物でも、ときおりか必ずかは別にして、繁殖のために同種の二個体が協力しているのではないかと信じる方向に強く傾いている。この見解を最初に表明したのはアンドリュー・ナイトであることを断っておこう。その重要性についてはこれから示すつもりである。ただ、十分な議論をするための材料は用意してあるものの、ここでは簡潔に取り扱うしかない。

すべての脊椎《せきつい》動物、すべての昆虫、その他の大きな動物グループは、子を生むために対《つい》になる。最近の研究で、これまで雌雄同体とされていた動物の数が大幅に減り、雌雄同体動物でもじつはかなりの種類が対をなすことがわかっている。つまり、すべての生物にとって重要な課題である繁殖のために、二個体が常に交配をするのだ。それでも、ふつうは対をつくらない雌雄同体動物もたくさんいるし、植物の大半は雌雄同体である。そうなると、繁殖のためには常に二個体の協力が必要であると考える理由が問題となる。ここではこの問題に深入りすることはできないので、一般的な考察ですますしかない。

まず第一に、私はほぼすべての育種家が抱いている信念と一致する事実を大量に集めている。それは、動物でも植物でも、異なる変種間の交雑や、同じ変種でも系統の異なる個体間の交雑では、健康で繁殖力の高い子どもが生まれるという事実である。それに対して近親間の同系交配では活力と繁殖力が弱くなる。こうした事実だけでも、自家受精だけで子孫を永続させられる生物はいないというのが自然界の一般法則（その法則の意味についてはまったくわかっていないが）であって、他個体との交雑がときどきは、場合によってはごくたまに欠かせないと信じたくなる。

これが自然界の法則だとしたら、たとえば以下に掲げるような、他の見解では説明のつかないいくつもの事実が理解できるだろう。花を濡らすことが受粉にとって好ましくないことは、育種家の常識である。それなのにじつに多くの花が葯と柱頭を露出させている。しかし、ときおりの交雑が不可欠だとしたら、他の個体の花粉が自由に入ってこられる必要があるわけで、葯と柱頭の露出が説明できるだろう。とくに、たいていの花では自家受粉が起こって当然なほど葯と雌しべが近接していることを考えればなおさらである。

一方、蝶形花冠と呼ばれる花をつけるマメ科のように、結実器官が密集して封じ込められている花もたくさんある。しかしそのような花でもその多く、もしかしたらすべてで、花の構造とハナバチの吸蜜様式とのあいだに奇妙な適応が成立している。ハチは吸蜜の際に、その花の花粉を柱頭より上に押し上げたり、他の花の花粉を持ち込んだりするからだ。私は、蝶形花冠の花の受粉にはハナバチの訪花が必要であることを実験によって確かめ、すでに発表した。ハナバチの訪花を妨げると、受粉率が大幅に低下してしまうことを証明したのだ。

花から花へと飛び回るハナバチが花粉を運んでいないということはまず考えられない。私は、それは植物の利益になっていると信じている。ハナバチは、育種家が用いるラクダ毛の筆と同じはたらきをしている。一つの花の葯に筆で触れてから同じ筆で別の花の柱頭に触れれば受粉が成立する。しかし、ハナバチの行動によって別種間の雑種もたくさんつくられるはずだと考えるべきではない。同じ植物の花粉と別種の花粉を同じ筆につけて受粉を試みても、同種の花粉のほうが優位であり、別種の花粉の影響を例外なく完全に抹殺してしまうのだ。このことは、ゲルトナーが証明したとおりである。

雄しべが雌しべに向かって突然跳ね返ったり、次々とゆっくり倒れかかったりする仕掛けは、自家受粉を保証するためだけの適応であるように見える。しかもその仕掛けはその目的にかなっていると見て間違いない。しかし、雄しべを跳ね返らせるためには昆虫の介在が必要な場合も多い。ケールロイターはセイヨウメギでこのことを証明している。自家受粉のための特殊装置を備えているように見えるメギ属では、おもしろいことに、ごく近縁の変種をいっしょに植えておくと、純系の実生がほとんど育たないことが知られている。それほど頻繁に自然に交雑が起こってしまうのだ。

多くの植物は、自家受粉を助けるための仕掛けを備えているどころか、それとは逆の仕掛けを備えている。C・C・シュプレンゲルの論文や私自身の観察で証明できるように、雌しべの先の柱頭に同じ花の花粉がつかないための特別な仕掛けを備えているのだ。たとえばベニバナサワギキョウには、柱頭が花粉を受け取る準備が整う前に、同じ花の中にある一つに結合した葯から大量の花粉粒をことごとく払い落としてしまうみごとな仕掛けがある。この花は、少なくとも私の庭では昆虫の訪花を受けないので、放置したままでは実を結ばない。ところが別の花の花粉を柱頭に付けてやったところ、たくさんの実生が得られた。

一方、そのそばに植えてある同じ属の別種にはハナバチがたくさん訪れ、ほっておいても種子が実る。C・C・シュプレンゲルが証明し、私も確認していることだが、柱頭が同じ花の花粉を受けないための特別な仕掛けを欠いている多くの例では、同じ花の柱頭の受粉準備ができる前に葯が弾けたり、同じ花の葯の準備ができる前に柱頭の準備ができてしまう。つまりそういう植物では、結果として雌雄が分かれていて、常に交雑しなければならないのだ。これはとても奇妙な事実である。同じ花の花粉と柱頭の表面はきわめて近接していて、自家受粉におあつらえ向きの条件を整えているように見える。それにもかかわらず、互いの役に立たない例がこんなにも多いとは奇妙な話ではないか。しかし、ときおり別の個体との交雑をすることが有利であり不可欠なのだと考えれば、そうした奇妙な事実も簡単に説明がついてしまう。

キャベツ、ラディッシュ、タマネギなどといった野菜それぞれの複数の変種を同じ畑で栽培して種子を実らせると、その実生の大半が雑種になっていることを、私は確認した。たとえば、キャベツの複数の変種をいっしょに育てて得た種子を蒔き、二三三本の実生を育てたところ、そのうちでもとの変種の性質を残していたのは七八本だけで、そのなかにさえ、完全に同じとはいえないものが混じっていた。

ところでキャベツの一つひとつの花では、柱頭が六本の雄しべに取り囲まれているだけでなく、その周囲には同じ植物体に咲いている別の花の雄しべもたくさんある。それなのにどうして、これほどたくさんの雑種が生まれてしまうのだろうか。それは、別の変種の花粉のほうが、同じ花の花粉よりも優勢だからだと思われる。これもまた、同種の別個体との交雑からは優良な個体が生まれるという一般法則の一部なのだろう。ところが別種間での交雑では正反対のことが起こる。他種の花粉よりは自分自身の花粉のほうが必ず優勢だからである。この問題については後の章で改めて取り上げる予定である。

大量の花を咲かせる大木では、樹木間での花粉の伝播《でんぱ》はめったに起こらず、せいぜい同じ株の別の花とのあいだで花粉の交換があるくらいだろうという異論が予想される。しかもこの場合、同じ木の花といっても、狭い意味でではあるが、異なる個体と見なせるのではないかと言われそうだ。私もその異論には同意する。しかし自然は、樹木の株ごとに雌雄別々の花を咲かせるという顕著な傾向を設定することで、われわれの予想を裏切ってもいる。雌雄が分かれているとしたら、雄花と雌花が同じ株に咲く場合でも、花粉は必ず別の花から運ばれてくることになる。そして、ときには別の株から運ばれてきた花粉で受粉する機会も高まるというものだ。

どの目《もく》に属す種類であれ、木本植物《もくほん》［いわゆる樹木］は草本植物《そうほん》［いわゆる草］よりも雌雄が分かれている割合が高いことを、私はイギリス産の植物で確認している。フッカー博士にはニュージーランド産の木本植物について、エイサ・グレイ博士には合衆国産の木本植物についてのリスト作成を依頼したところ、その結果も私の予想どおりだった。ただし最近になってフッカー博士が、オーストラリア産の木本植物ではこの規則が当てはまらないことがわかったと教えてくれた。木本植物の雌雄についてここであえて言及したのは、単にこの問題への注意を喚起したかったからである。

動物についても少しだけ触れておこう。陸上には、カタツムリなどの陸生軟体動物やミミズといった雌雄同体動物がいる。しかしそれらはすべて、繁殖を行なう際には交尾をする。私はまだ、自家受精をする陸生動物を一例も知らない。これは陸生植物と比較すると好対照をなす事実だが、ときおりの交雑は必須であるという見解に照らした上で、陸生動物が暮らしている環境と、受精という行為の本質を考えると理解できる。すなわち陸生動物が二個体の協力なしに交雑を果たせる手段として、植物の場合の昆虫や風の作用に相当するものが見当たらないからである。自家受精をする水生の雌雄同体動物がたくさんいるのは、水中では、水流がときおりの交雑を介添えする手段となるからである。

ところで、生殖器官が完全に体内にある雌雄同体動物で、外部から生殖器官への到達経路もなければ、他個体の影響をときおり受けることも物理的に不可能であると証明できるような例はあるだろうか。私は、この道の権威であるハクスリー教授にも教えを乞うたが、植物の場合と同じようにそのような例は未だ一例も見つかっていない。この点では蔓脚《まんきゃく》類［フジツボ類（亜目）を含む甲殻類の亜綱］が長らく悩みの種だったのだが、幸運にも私は、自家受精をする雌雄同体動物の二個体もときどきは交雑をしていることを証明できた。

歴代のナチュラリストを困惑させてきた事実がある。それは動物でも植物でも、同じ科の種や同じ属の種のなかに、体の基本的構成がほとんど同じであるにもかかわらず、雌雄同体の種と雌雄異体の種が混在している例が決して稀ではないという事実である。しかし、雌雄同体生物も実際にはときおり他個体と交雑しているとすれば、雌雄同体種と雌雄異体種との差異は、機能面に関するかぎりきわめて小さいことになる。

以上の考察と、ここでは紹介できないがこれまでに私が集めた多くの特殊な事実を総合すると、植物界でも動物界でも、他個体とのときおりの交雑は自然界の法則であると言ってさしつかえないだろう。もちろん、この見方をすべてに適用するには多くの困難があることも十分に承知しているし、そうした困難の一部については研究を進めるつもりでいる。最後の結論として、多くの生物では繁殖のたびに二個体間での交配が必ず必要であるし、毎回は必要ではない多くの生物でも、長い間隔を空けつつもときおりは交配の必要があると言ってよいだろう。さらには、自家受精を永遠に続けられる生物は一つもないはずだと、私は考えている。

自然淘汰がはたらきやすい条件

自然淘汰にとって有利な状況――これはきわめて複雑な問題である。遺伝する多様な変異の生じやすさが大量に存在するにこしたことはないが、単なる個体差でも自然淘汰が作用するには十分であると私は信じている。個体数が多いと、一定期間内に好ましい変異が出現する可能性が高まる。したがって個体数の多さが各個体の変異性の少なさを補うことになり、それが成功をもたらす重要な鍵になると思われる。

自然は自然淘汰の作用に膨大な時間を与えてはいるが、無限というわけではない。すべての生物は自然界の経済秩序の中での居場所を求めて闘争しているという言い方ができるわけだが、競争相手との関係でそれ相応の変化や向上ができない種は、たちまち滅んでしまうだろう。その意味で時間は限られているのだ。

人間が行なう丹念な選抜では、育種家は明確な対象を選抜する。それに対して、自由な交雑はその仕事を完全に台なしにする。しかし多くの人が、品種を変えようという意図をもたないまま、完璧ということに関してほぼ共通した基準をもっていて、最上の個体を手に入れて交配させようとするとしよう。たとえ劣った個体との交雑が数多く行なわれたとしても、そうすれば、そうした無意識の選抜行為によって、品種のかなりの改良と変更がゆっくりとではあるが達成されていく。

自然界でもそうなのだ。ある限られた地域内において、自然界の経済秩序の中でまだ完全に占有されていない居場所があるとしたら、自然淘汰は常に、程度の違いこそあれ正しい方向に変異した個体をすべて保存し、未占有の居場所によく適合させるようにすることだろう。しかし生息する地域が広いとしたら、生活環境の異なる区画がその中にいくつか存在するはずである。そこで自然淘汰が一つの種の変更と改良を複数の区画で実行するとしたら、個々の区画の境界域において同じ種の異なる個体間での交雑が起こることになる。この場合の交雑がもたらす影響を、自然淘汰の作用で帳消しにすることはほとんど不可能である。自然淘汰は個々の区画の全個体をそれぞれの生活条件に応じてすべて同じように変更しようとしているが、境界域付近では生活条件が微妙に少しずつ移り変わっているからである。

交雑の影響が最も強く出るのは、繁殖のたびに交接する動物、移動範囲の広い動物、繁殖率が低い動物においてである。したがって、たとえば鳥類がそうだが、そのような性質をもつ動物では、一般に変種は分離された土地に限って存在することになる。そして現実もそのとおりだと思う。ときたましか交雑しない雌雄同体生物や、繁殖のたびに交接はするが移動性は少なく繁殖率の高い動物では、改良された新しい変種が限られた場所で速やかに形成され、まとまった集団として維持される。その結果、交雑がいくら起こっても、主にそれは同じ新しく出現した変種の個体間でのこととなる。そうやってある地域で形成された変種は、やがて徐々に他の地域にも広がっていく。育苗家は、上記の原理に従うかたちで、同じ変種に属する多数の植物から種子を得ようとする。そうすれば、他の変種と交雑している可能性を減らせるからである。

繁殖率の低い動物でも、繁殖のたびに交接するものでは、自然淘汰の作用を遅らせる交雑の影響を過大視すべきではない。同じ地域内でも、同じ種に属する動物の異なる変種がそれぞれの独自性を長く維持している例を、私はたくさん提供できる。同じ地域でも出没する場所が異なっていたり、繁殖時期が微妙に異なっていたり、同じ変種の個体としか交接しないということによって、変種の独自性が保たれているのだ。

自然界では、同じ種や同じ変種に属する個体の形質を均一に保つ上で、交雑がきわめて大きい役割を果たしている。その効果は、繁殖のたびに交接する動物でとくに顕著なはずである。しかしすでに論じたように、ときおりの交雑なら、すべての動物とすべての植物で起こっているとと考えてよい根拠がある。そういう交雑がごくごくまれにしか起こらない場合でも、交雑によって生まれた子どもは、長いあいだ自家受精が繰り返されてきた子どもよりも活力と繁殖力がはるかに強く、生き残って自分と同じ種類の子孫を残す可能性も高いはずだと私は確信している。

つまり長い目で見れば、交雑はたとえまれにしか起こらないにしても、交雑が及ぼす影響力はきわめて大きいことになる。仮に、交雑をいっさいしない生物がいるとしよう。その場合、それらのあいだで一様な形質が維持されるのは、生活条件が変化しない場合のみである。遺伝の原理がはたらくと同時に、生活条件に適合する正しいタイプから外れた個体は自然淘汰によって排除されるからだ。では、生活条件が変化し、生物が変わることになったらどうなるだろう。その場合でも、変化した生活条件に適合する変異体が自然淘汰によって保存されるだけで、子孫の形質は一様に保たれる。

地理的隔離の効果

自然淘汰がはたらくにあたっては、隔離も重要なはたらきをする。隔離されたそれほど広くない地域ならば、生物的な生活条件と物理的な生活条件が一般にきわめて一様なはずである。その結果、自然淘汰は、変化しつつある種の全個体を同じ条件に適合するようその地域全体にわたって一様に変えていくことになる。隔離されているおかげで、生活条件の異なる周辺の区画に生息している同種個体との交雑も妨げられる。気候の変化とか土地の隆起などといった物理的変化が起こった場合、そうした変化に適応した生物が移住してくる可能性がある。しかしその地域が隔離されていれば、よそからの移住は阻まれる。その結果、新たに生じた自然界の経済秩序の中の空所が、旧来の居住者のために残されることになり、そこを埋めるための生存闘争が生じて、構造や体質上の適応が進むことになる。

そのほかにも隔離には、他の地域からの移住とそれが引き起こす競争を防ぐことで、新たに生じる変種がゆっくりと改良される時間を提供するという効果がある。これは、新種を生み出す上で重要な役割を果たしうる。ところが、障壁で囲まれた地域だったり、物理的環境条件がきわめて特殊な場所であるため、隔離されている地域の面積が狭い場合には、そこに生息できる個体数は当然ながら少なくなる。個体数が少ないと、好ましい変異の出現する可能性が減少するため、自然淘汰による新種の形成は著しく遅くなる。

以上の考察が正しいかどうかを自然界で検証するには、隔離された小さな地域に目を向けてみればいい。たとえば大洋に浮かぶ島がそうだ。地理的分布について論じる章で見るように、大洋島にすむ種の全数は少ないことがわかる。しかしそうした種の多くは固有種である。すなわち、ほかならぬその島で生み出された種なのだ。したがって大洋島は、一見すると、新種の形成にとってきわめて適した場所であるように見える。しかしそれはたいへんな勘違いかもしれない。新しい生物種の形成にいちばん適した場所は隔離された狭い地域なのだろうか、それとも大陸のような開けた広い地域なのだろうか。このことを見定めるためには、等しい時間の中で比較する必要があるのだが、われわれにはそれができない。

新種の形成において隔離が重要であるのは明らかである。しかし私は、あらゆる点を考慮した上で、新種の形成にとっては、それも、とくに長期間の存続が可能で広い範囲に分布できるような種の形成にとっては、地域の広さのほうが重要であると信じるに至っている。広く開けた地域では、そこに生息できる同種個体の数が多いため、好ましい変異が生じる可能性が高いばかりか、既存の種の数も多いことから生活条件もきわめて複雑である。多数の種のうちの一部が変化して改良されれば、他の種もそれ相応に改良されなければ絶滅するしかなくなる。新たに形成された変異集団も、大幅に改良されしだい、広い地域に分布を広げることができるし、その先々で他の多くの種類と競争することになる。そういうわけで、隔離された狭い地域よりも広い地域のほうが、新しい居場所が多く形成されることになり、そこを埋めるための競争も熾《し》烈《れつ》である。それだけでなく、広大な地域は、海水位が下がったせいで現在は連続していても、そのうち再び海水位が上昇すれば断続した状態になることもありうる。そうなれば、隔離がある程度の効果を発揮することになるだろう。

最後に結論を述べよう。隔離された狭い地域は、新種の形成にとって一般にある面できわめて効果的だったかもしれない。しかし生物が変わる速度は広い地域のほうが一般に速いはずである。さらに重要なのは、広い地域で形成された新しい種や変種は、その時点ですでに多くの競争相手に打ち勝っており、きわめて広い範囲まで分布を広げ、とても多くの新しい変種や種を生じさせることで、生物界の歴史を変える上で重要な役割を果たすだろうと結論できる。

こうした見解に立つと、地理的分布の章で改めて論じる予定でいる事実を理解する役に立つだろう。たとえば、オーストラリアの生物が、それよりも大きなヨーロッパ・アジア大陸の生物の前に屈服してきたという事実と、今も屈服しつつあるように見えるという事実である。そのほか、大陸から島に持ち込まれた生物がいたるところで大々的に野生化しているという事実もある。小さな島では、生きるための競争はさほど厳しくはなく、変化や絶滅が起こることも少ない。おそらくそのせいで、オズワルド・ヘールが指摘するように、マデイラ島の植物相はヨーロッパの第三紀［現在の地質年代区分では六五〇〇万年前から二〇〇万年前までの時代にあたる］の絶滅した植物相に似ているのだろう。

淡水域は、全部あわせても、海域や陸地に比べて狭い。そのため、淡水生生物間の競争は、陸上や海中での競争ほど厳しくはならないだろう。そして、新しい生物種は他の地域よりもゆっくりと形成され、古い生物種もゆっくりと絶滅していく。かつては優勢だったグループの遺物である硬鱗魚類の七属が見つかるのも淡水である。淡水には、カモノハシや肺魚のレピドシレンのように、現在の世界で最も異様な生物も見つかる。それらは、化石と同じように、自然の序列の中で今や遠くかけ離れているグループどうしをつなぐ生物である。そうした異様な生物は、生きている化石と呼んでもいいだろう。それらは、閉じ込められた地域にすんでいたおかげで、あまり厳しい競争にさらされなかった。そのため、現在まで生きながらえられたのだ。

問題はきわめて入り組んではいるが、自然淘汰にとって有利な状況と不利な状況を許される範囲でまとめておこう。未来を見据えて言えることは、陸上の生物にとっては、分布域を広げ長く存続する可能性の高い多数の新しい種や変種が最も形成されやすいのは、大陸の広大な地域だろうということだ。そのような地域は、おそらく海水位の変動に繰り返しさらされる結果として、長期にわたって分断された状態で存在することになりやすいものの、最初のうちは大陸として存在し、その時期にそこにすむたくさんの種類の数多くの個体がとても厳しい競争にさらされることになるからだ。

土地が沈下して別々の大きな島になっても、そこには島ごとに同じ種の個体が多数生息していることだろう。ただし島として隔離されれば、生息域の境界部での交雑は妨げられる。何らかの物理的変化に見舞われると、移住も妨げられ、個々の島の自然界の経済秩序の中に生じた新しい居場所が、古い居住者から生じた変種によって埋められることになる。そして個々の島で、新たに出現した変種が変化を完成させるための時間が与えられる。

再び隆起が起こって島々が大陸に組み込まれると、厳しい競争が再現する。そこでは、選抜と改良の最も進んだ変種が分布を広げることができる。その一方で改良の進んでいなかった種類がたくさん絶滅していき、新生した大陸の居住者の構成比率も変わっていく。そして、居住者をさらに改良することで新しい種を形成するという自然淘汰の活躍の場が再現されるのだ。

自然淘汰の緩慢な作用

自然淘汰の作用は常にきわめて緩慢であることについては、完全に認めよう。自然淘汰が作用できるかどうかは、何らかの変化を遂げつつある居住者が、自然界の経済秩序の中に、他よりもうまく占有できるような居場所があるかどうかにかかっている。

そのような居場所が存在するかどうかは、一般にはゆっくりと進む物理的変化が起こるかどうか、あるいはより適応した種類の移住が阻止されているかどうかにかかっている場合が多い。しかし自然淘汰が作用できるかどうかは、居住者のなかにゆっくりと変わりつつあるものがいるかどうかによって決められる場合のほうが多い。変わりつつある集団の存在により、他の多くの居住者間の関係が乱されることが重要なのだ。

とにかく、好ましい変異が生じないことには、何も起こらない。変異の起こり方そのものは、常にきわめて緩慢な過程である。その過程は、自由な交雑が起こっている場合にはたいてい遅々として進まない。この三つの原因だけでも、自然淘汰の作用を完全に停止させるには十分だろうという反論が多く聞こえそうだ。しかし私はそうは思わない。そうではなく私に言わせれば、自然淘汰の作用は常に緩慢なはずであり、長い時間をかけなければはたらかないこともしばしばで、一般には一つの地域で同時に作用する対象は、居住者のなかのごく一部にすぎないということなのだ。さらに私は、自然淘汰というきわめて緩慢で間欠的な作用は、地球の居住者の変化速度とその様式に関して地質学が集めてきた知見と完全に一致していると確信している。

自然淘汰の過程はたしかに緩慢かもしれない。しかし、か弱い人間でも人為選抜を行なうことでこれだけたくさんの成果を上げられることを考えてみよう。それに比べれば、自然の選抜力が長期にわたってはたらくことでもたらす変化の量や、あらゆる生物間や生物とその物理的生息環境とのあいだに見られる相互適応の妙とその複雑極まりなさに限界があるとは思えない。

自然淘汰と絶滅

絶滅——このテーマについては、地質学を論じる章で詳しく扱う。しかしここでも、自然淘汰との密接な関係という視点から触れないわけにいかない。自然淘汰の作用の仕方は、何らかの点で有利な変異を保存するということだけであり、その結果として、保存された変異は存続することになる。ところが、あらゆる生物は指数関数的に増加する力を秘めているため、どこの地域もすでに居住者で満ちている。そのため、選抜された有利な集団がそれぞれ個体数を増加させると、有利さで劣っている集団は数を減らし、まれになっていくことになる。地質学の知見が教えるように、個体数の減少は絶滅の前触れである。個体数の少ない種類は、季節ごとの変動や天敵の個体数が増加する間に絶滅に追い込まれる危険性が高いことも納得できる。

しかし、そこから論をさらに進めてもよいかもしれない。新しい種類が絶えずゆっくりと生じている一方で、種の数は永続的にほとんど無限に増加できるとは考えられない以上、多くの種類が絶滅するほかない。種数が無限に増えてこなかったことは、地質学の知見からして明白である。それどころか、種数が無限に増加するはずはなかった理由もわかる。自然界の経済秩序の中で占められるべき居場所には限りがあるからだ。ただし、ある地域の種数がすでに最大限度に達しているかどうかを知るすべはない。おそらく、完全に満杯状態になった地域など、これまでないのではないか。喜望峰は世界でいちばん植物が密生していると言えるが、そこでも何種かの外来植物が、知られているかぎり固有種をいっさい絶滅させずに帰化しているほどである。

さらに言うなら、個体数の多い種ほど、一定期間内に有利な変異を生み出す可能性が高いはずである。その証拠もある。第2章で紹介した、個体数の多い種ほど、見つかっている変種すなわち発端種の数が多いという事実がそれだ。したがって、個体数の少ない希少種は、一定期間内に変化したり改良されたりする速さも遅くなる。その結果、生活をかけた競争では、個体数の多い種から変化した状態で生じてくる競争相手に負けてしまうことだろう。

以上の考察から必然的に下せる結論は、自然淘汰の作用によって新種が形成されていく一方で、他の種はしだいに個体数を減らし、最後は絶滅してしまうだろうというものだ。変更と改良を受けている種類と競争して張り合っている種類は、当然のごとくその影響をもろに受ける。「生存闘争」について論じた章で見たように、一般に最も厳しい競争相手となるのは、きわめて近縁な種類、すなわち同じ種の変種どうし、同じ属あるいは近縁な属の種どうしである。それは、ほぼ同じ構造、体質、習性をもっているからだ。その結果として、新しい変種や新種の形成が進む過程では、一般にいちばん近縁な種類が最大の影響を被り、絶滅に追いやられる傾向が強くなる。

家畜や栽培植物でも、改良された種類を人間がさらに選抜していく過程で、同じような絶滅が進行することが知られている。ウシ、ヒツジその他の動物の新しい品種や花の新しい変種が、旧来の見劣りするものにいかにすばやく取って代わるかを如実に示す例はいくらでもあげられる。ヨークシャーでは、昔ながらの黒ウシがロングホーン種に取って代わられ、さらに「まるで猛烈な疫病にやられるみたいにショートホーン種によって一掃された」（農業ライターの言を引用）という歴史的事実がよく知られている。

形質の枝分かれ

形質の分岐――私がここで形質の分岐と呼ぶ原理は、私の学説にとってきわめて重要な原理であり、いくつもの重要な事実がこれで説明できると信じている。まず最初に変種であるが、強い独自性を示しつつも、その種の形質を何かしら備えているせいで、多くの場合について別種とすべきかどうか決着がつきそうにないような集団が変種である。ただし、同じ種の変種間の差異は、明瞭な種間の差異よりも確実に小さい。それでも私の考えでは、変種とは種が形成される中途段階であり、私の言う発端種なのである。

では、変種間の小さな差異は、どのようにして種間の大きな差異へと増大していくのだろうか。差異の増大が恒常的に起こっていることは、自然界に無数に存在する種の大半は顕著な差異を示しているのに対し、変種のほうは、あまり明瞭ではない小さな差異しか示さないという事実から推量するほかない。変種は、将来的には明瞭な種となる原型であり原種と考えれば、その意味するところは明らかだろう。単なる偶然と呼べることがもとで、一つの変種が原種のある形質を変化させ、その変種の子孫も同じ形質の変化をさらに増大させるということもあるかもしれない。しかし、同じ種の変種間や同じ属の種間に恒常的に見られる大きな差異は、単なる偶然だけでは説明できそうにない。

この問題を解く鍵についても、私の常套手段である飼育栽培生物に手がかりを求めることにしよう。そこに何かしら類似の原則が見つかるはずだ。ある愛鳩家は、くちばしがわずかだけ短いハトが気に入り、別の愛鳩家はくちばしが長めのハトが気に入ったとしよう。「愛鳩家は中途半端を嫌い、極端に走る」という周知の原則に従い、彼らはそれぞれ、くちばしが少しでも長いハトと少しでも短いハトを選び出して繁殖させる作業を繰り返す（これはタンブラーの育種で実際になされた作業である）。

あるいは、昔々、ある人は足の速いウマを求め、別の人は体格のがっしりした力の強いウマを求めたとしよう。当初の差異はごくわずかなものだったことだろう。そこで、少しでも足の速いウマを選抜する作業と少しでも力の強いウマを選抜する作業が続けられるうちに、やがて両者の差異は大きくなり、二つの亜品種ができるほどまでになった。そして何百年かを経て、二つの亜品種は二つの異なる品種と認められるまでになった。そうした差異の増大は緩慢に進むため、足が速いわけでも力が強いわけでもない中間的形質をもつ並の個体は、目にとめられることもなく姿を消していく。

これが、人間が作り出した品種に見られる、いわゆる分岐の原理の作用である。つまり、最初はほとんど目立たなかった違いが着実に増大し、二つの品種はお互いからも共通の原種からも形質を分岐させたのだ。

しかし、自然界にもそれと類似の原理がどうしたら適用可能なのかと問われることだろう。私は、適用可能であり、現にきわめて効果的にはたらいていると信じている。それは次のような単純な事情を考えればよくわかる。すなわち、一つの種の子孫が構造、体質、習性の点で分岐すればするほど、自然界の経済秩序の中でよりたくさんの多様な居場所を効率よく占有できるようになり、そのおかげで個体数を増やせることになるからだ。

単純な習性をもつ動物を考えるとわかりやすい。すんでいる土地で個体数が満杯状態に達してすでに久しい肉食獣を考えてみよう。その動物の増殖力に問題はないとしたら、個体数を上限以上に増やす方法は（その土地の環境条件その他に変化はないとして）一つしかない。すなわち、その動物の子孫が変わることで、現在は別の動物が占めている居場所を取り上げてしまうのだ。変わり方としては、たとえば、新しい種類の獲物――死体だったり生きた動物だったり――を食べられるようになるとか、生息場所を変えるとか、木に登れるようになるとか、水に入れるようになるとか、肉食への依存度を減らすなどといったことがありうる。その動物の子孫は、習性や構造を原種から分岐させればさせるほど、さまざまな居場所を占められるようになる。一つの動物に当てはまることは、いつの時代のどんな動物にも当てはまるはずだ。ただ、変異が生じさえすればいい。変異がないことには、自然淘汰には何もできないからだ。

植物にも同じことが言える。地面の一区画に一種類の牧草の種子を蒔いた場合と、同じような区画に何種類かの異なる属の牧草の種子を蒔いた場合とを比較してみよう。実験では、後者のほうが個体数でも全植物体の乾燥重量でも多くなることが証明されている。同じことは、同じ面積の土地に小麦の一変種だけを蒔いた場合と複数の変種を混ぜて蒔いた場合でも確かめられている。

そこでまず、いずれか一種の牧草が変異を起こし始めたとしよう。そして変異した複数の変種が互いにちょうど別種間や別属間の違いのような差異を広げるかたちで選抜され続けていけば、やがてその種は、変異した複数の子孫が同居するかたちで、同じ面積の土地に生息できる個体数を以前よりも増大させることになるだろう。しかも、どの種の牧草もどの変種も、毎年のように大量の種子を生産し、言うなれば個体数を増大させるために最大限の努力をしていることがわかっている。そうだとしたら何千世代も重ねるうちに、いずれか一種の牧草の突出した変種がいつか必ず個体数を増大させる好機をつかみ、冴えない変種を押しのける日が訪れることだろう。そして他の変種とは明瞭に異なる変種が、種の地位に到達することだろう。私はそう信じている。

分岐による多様化

形態が多様化するほど生物の生息数も増えるという原則は、さまざまな自然条件下で確認できる。きわめて狭い地域でも、自由な移住が可能で、しかも個体間の競争が厳しくならざるをえない場合ならばとくに、そこにすむ生物の多様性は常にきわめて高い。たとえばもう何年も同じ条件のまま放置してあった縦九〇センチ、横一二〇センチの芝地を調べたところ、二〇種の植物が見つかった。その内訳は八目一八属で、植物の種類がいかに多様かがわかる。環境が一様な小さな島にすむ植物や昆虫でもそうだし、小さな淡水の池でもそうだ。農家は、作物の収量を上げるには著しく異なる種類の作物を輪作すればよいことを知っている。自然は、同時輪作とでも呼べることを実行しているのだ。

狭い土地に近接して生息している動物や植物の大半は、現にそこに（そこが特殊な土地ではないとして）すむことができたわけである。したがってそこにすむために最大限の努力をしているという言い方ができる。しかし厳しい競争をしているような場所では、競争しているものどうしのあいだに形態の多様性が存在し、それに伴って習性や体質も異なっているほうが互いに有利である。その結果、厳しい競争を演じている生物どうしは、一般則として、異なる属や目で構成されているはずである。

これと同じ原則は、人間の手で持ち込まれた植物の帰化でも見られる。よその土地での帰化に成功した植物は、一般にその土地の原産種の近縁種であると予想されるかもしれない。なにしろ原産種は、その土地のために特殊創造され適応した種と見なされているからである。あるいは、帰化植物は新しい生息地の中の特定の場所に特によく適応した少数のグループに属していると予想したくなる。ところが実際はそうではない。アルフォンス・ド・カンドルはその名著において、帰化植物の加入によって植物相が増加したケースを調べると、固有の属や種との比率では、新しい種よりも新しい属が増えているケースのほうがはるかに多いことをみごとに示しているのだ。

一例をあげよう。エイサ・グレイ博士の『合衆国北部の植物相便覧』の最新版には二六〇種の帰化植物があげられており、それらは一六二の属に分けられるという。それらの帰化植物はその属の分だけ多様な性質の持ち主であることがわかる。そればかりか、土着種との違いも大きい。一六二属のうちの一〇〇属以上が外来の属であるため、合衆国の植物相はきわめて高い割合で属を増加させたことになる。

よその土地で土着種と闘争して帰化に成功した動植物の性質を調べれば、土着種どうしのあいだで相手よりも優位に立つために遂げるべき変化について、何がしかのヒントが得られるだろう。とりあえずは少なくとも、形態が多様化して新しい属を生じるほどの差異にまでなれば、間違いなく有利だと言えそうである。

同じ土地にすむ生物が多様であることの利点は、同一個体の器官が生理的な機能を分業することの利点と通じるものがある。器官の生理的分業についてはミルヌ・エドワールが詳しく論じている。胃は、野菜の消化のみ、または肉の消化のみに適応することで、それら食物の養分の大半を吸収している。この点について異論のある生理学者はいない。それと同じで、ある土地の経済秩序においては、そこにすむ動植物の生活習性の多様性が高ければ高いほど、それぞれの適応ぶりがより完全なほど、その土地に生息できる個体数も多くなる。

　体のつくりがあまり多様ではない動物の一団は、形態の多様化が進んだ一団との競争ではきわめて不利だろう。たとえばオーストラリアの有袋類は、いくつかのグループに分かれてはいるが、それぞれそれほど大きな違いはない。しかもウォーターハウス氏らが指摘しているように、同じ哺乳類の食肉類や反芻《はんすう》類、齧歯《げっし》類とどことなく似ている。それら有袋類が、哺乳類のふつうのグループと競争して勝てる見込みはありそうにない。オーストラリアの哺乳類は、まだ多様化初期の未完成の段階にあるのだ。

形質の分岐から種の分岐へ

　上記の議論についてはさらに議論を深める必要があるものの、次のように考えることは可能だと思う。つまり、いかなる種でも、変異した子孫は構造を多様化すればするほどうまく生存できる可能性が高くなり、他の生物が占めている場所に侵入できるようになる。そこで次は、形質の分岐によって大きな利益が得られるというこの原理が、自然淘汰の原理や絶滅の原理と組み合わさることで、どのような作用を及ぼすかを検討しよう。

これはかなり込み入った問題なので、理解を助けるために図［210〜211ページ］を用いて説明しよう。図のAからLは、それぞれその原産地では大きな一つの属に所属する種を表している。自然界の実相を反映させて、これらの種どうしの類似度は一様ではないことにし、それを記号間の距離で表すようにしてある。大きな属を想定したのは、第2章で述べたように、小さな属よりも大きな属のほうが平均すると変異を起こす種の数が多いし、大きな属に所属する変異しやすい種のほうが多数の変種を生じるからだ。さらには個体数が多くて分布域も広い種のほうが、個体数が少なくて分布域も狭い種よりも変異を生じやすいことも、すでに確認したとおりである。

A種は、原産地では多数の種をかかえる属の一種で、個体数が多くて分布域も広く、多数の変異を生じる種だとする。Aを起点として分岐している長さの異なる点線が形成する扇形は、Aの変異した子孫を表している。個々の変異はきわめて微小ではあるが、それぞれきわめて多様な性質に分かれているとしよう。すべての変異が同時に出現するわけではなく、長い時間間隔を空けて生じる場合が多く、存続期間もそれぞれ異なるものとする。そうした変異のなかで自然によって選抜されて保存されるのは、何らかの点で有利なものだけである。そしてそこで、形質の分岐によって恩恵がもたらされるという原理が重要性を発揮する。なぜならばそのことで、最も差異の大きな変異、すなわち最も分岐した変異（外側の点線）が自然淘汰によって保存され蓄積されていくことになるからだ。

ローマ数字を付した横線は、そこまで達したならば明白な変種として分類学の文献に記載されてもよいほどの変異が蓄積したことを意味している。右肩に数字の付いた小文字のアルファベットがそのような変種を表している。

横線の間隔は、とりあえずそれぞれ一千世代くらいを想定してあるが、むしろ一万世代としたほうがよいかもしれない。図のA種は、一千世代を経てa^1とm^1という二つの顕著な変種を生み出したことになっている。この二変種は、原種が変異を起こしたのと同じ条件に引き続きさらされており、変異する傾向それ自体が遺伝的なものであ

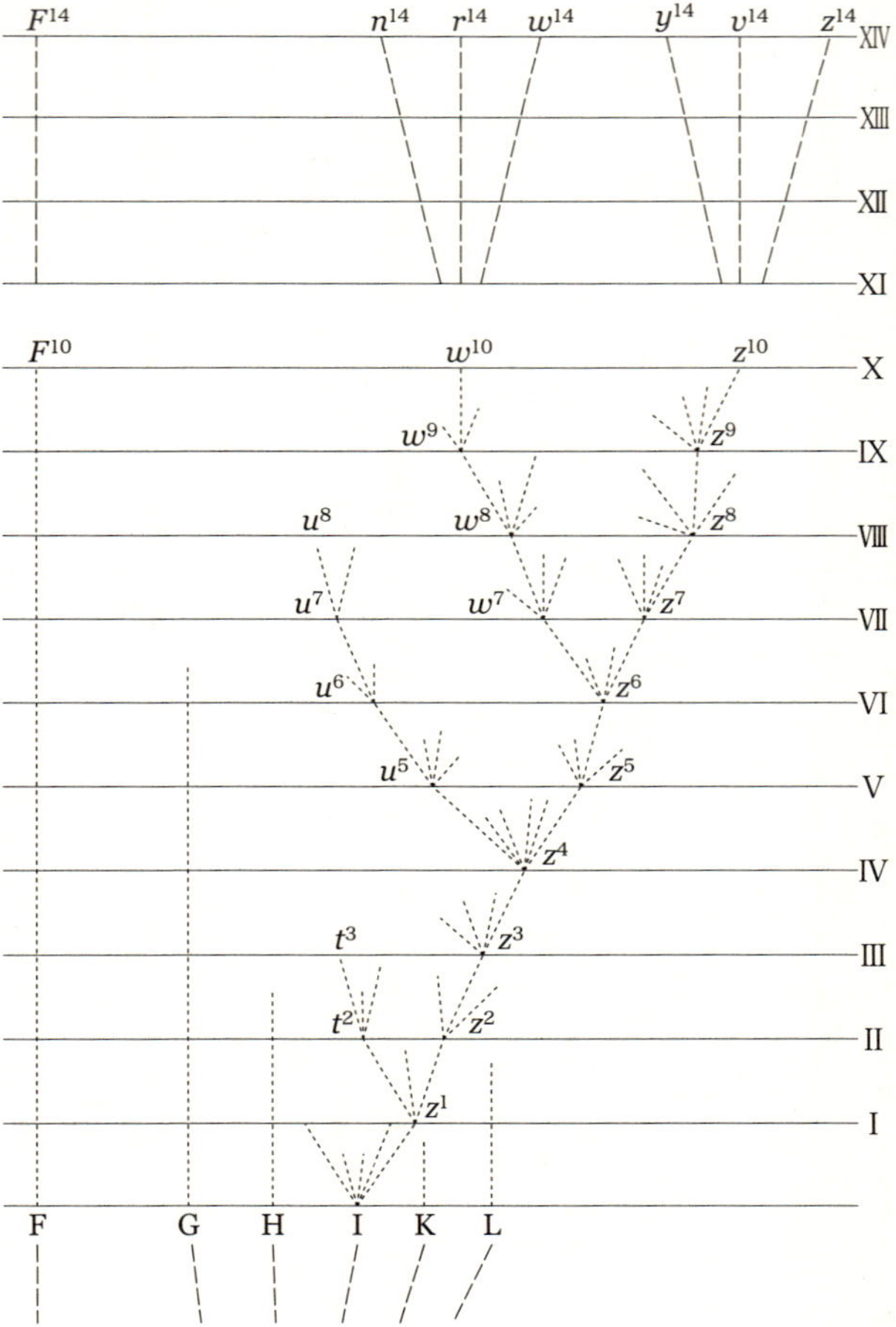
F^{14} n^{14} r^{14} w^{14} y^{14} v^{14} z^{14}
XIV
XIII
XII
XI
F^{10} w^{10} z^{10}
X
w^9 z^9
IX
u^8 w^8 z^8
VIII
u^7 w^7 z^7
VII
u^6 z^6
VI
u^5 z^5
V
z^4
IV
t^3 z^3
III
t^2 z^2
II
z^1
I
F G H I K L

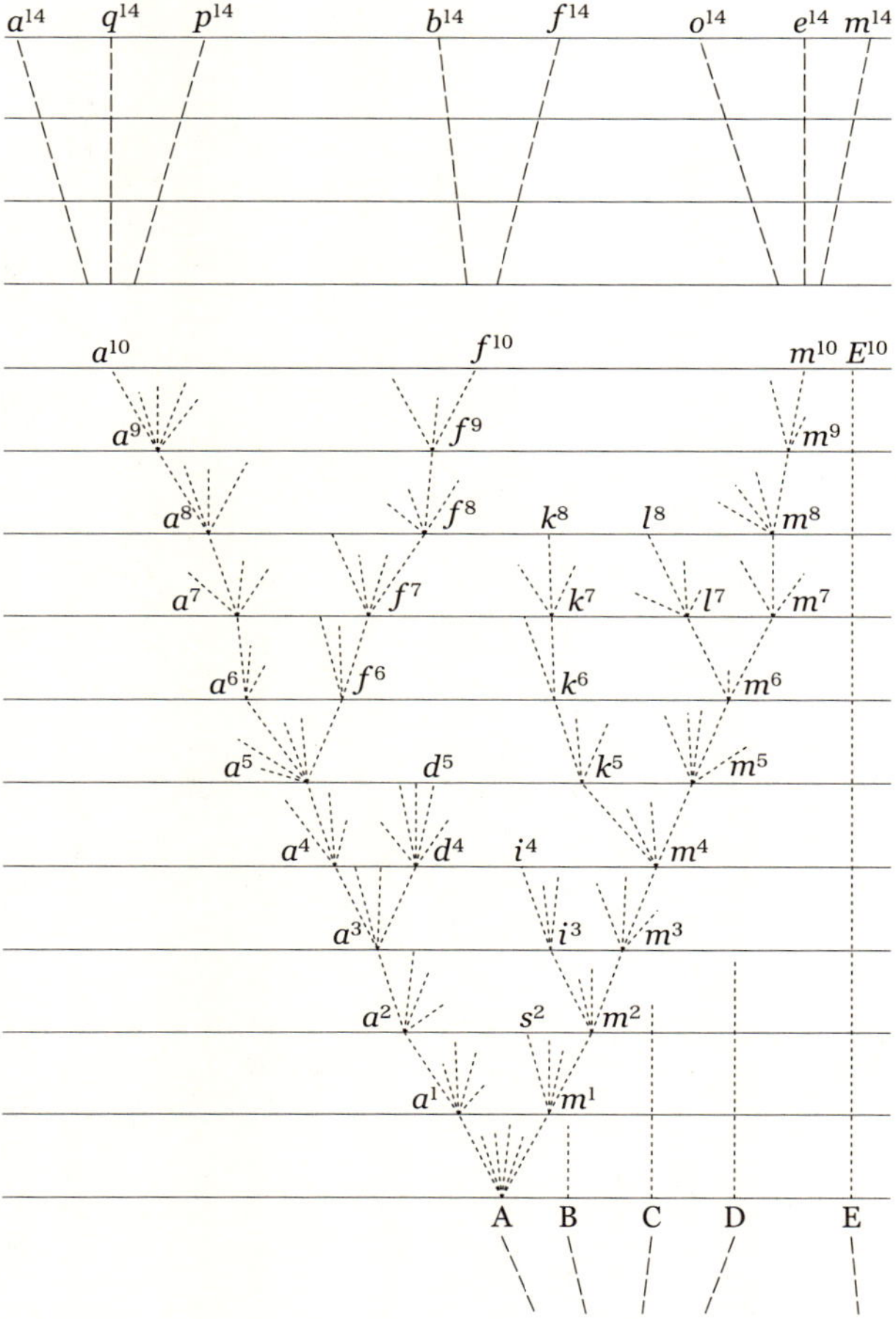
a14 q14 p14 b14 f14 o14 e14 m14
a10 f10 m10 E10
a9 f9 m9
a8 f8 k8 l8 m8
a7 f7 k7 l7 m7
a6 f6 k6 m6
a5 d5 k5 m5
a4 d4 i4 m4
a3 i3 m3
a2 s2 m2
a1 m1
A B C D E

るとすれば、変異する傾向はそのまま継続し、一般には原種の場合とほぼ同じ様式で変異を続けるだろう。しかもこの二変種は若干の変更を経ただけであり、共通の原種であるＡが生息地を同じくする同属の種のなかで多数を占めることを可能にした利点を、そのまま遺伝していることだろう。また、Ａ種を含む属がその原産地において優勢な属であることを可能にした一般的な利点を、この二変種も受け継いでいることだろう。こうした状況のすべてが、新しい変種の形成にとって有利にはたらくことがわかっている。

　この二変種がさらに変異を続けるとしたら、生じた変種のなかでいちばん大きく分岐したものが次の一千世代の間に保存されていくことになる。その結果としてa^1から生じたa^2は、分岐の原理により、Ａとの差異がa^1以上に大きいはずである。m^1はm^2とs^2という二つの変種を生み出したことになっている。m^2とs^2とのあいだには差異があるが、それぞれの共通の原種であるＡとの差異のほうが大きい。こうした過程は似たような段階を踏んでいくらでも伸ばせる。ただし一千世代ごとに一つの変種しか生まない変種もあれば、二変種とか三変種を生む変種もあり、一つも生み出せない変種もありうる。そのようにして共通の原種Ａの変更された子孫として出発した変種は、一般に個体数と形質の分岐を増大させていく。図では、この過程を一万世代まで表し、さらに圧縮して単純化した形で一万四千世代まで載せてある。

ただし断っておかねばならないのは、この過程はこの図のようにいつも規則的に進むと決めつけているわけではないということだ。図自体もいくらか不規則に描かれているが、最も大きく分岐した変種が必ず繁栄して数を増やすと考えているわけでは決してない。中程度の変種が長く存続することも多いだろうし、変化した変種を複数生むこともあれば、いっさい生まないこともある。自然淘汰のはたらき方は、常に、他の生物によって占められていない居場所や、まだ少しは空きのある居場所の性質しだいで変わってくるからだ。おまけにとてつもなく複雑な関係にも左右されることになる。

それでも一般則として言えるのは、生物は原種から形態が分岐すればするほど、占有できる居場所が増えるだろうし、変化した子孫の数も殖やせるだろうということだ。図では、子孫の系列は右肩に数字を付した記号によって一定間隔で区切られている。それぞれの記号は、変種としての資格を備えるほどの変更を遂げた種類を表しているが、その間隔はあくまでも仮に想定したものである。かなりの量の分岐が蓄積されるくらい長い時間が経っていれば、どこにでも挿入可能なのである。

個体数が多くて分布も広く、大きな属の一員である種から変化して生まれた子孫はみな、原種の生存繁殖を有利にさせていたのと同じ利点を受け継いでいる。したがって一般に形質を分岐させていくだけでなく、個体数も増やしていくことだろう。図では、Ａから伸びている何本かの分岐した枝がそれにあたる。子孫の系列の中で、改良の進んだ新しい分枝から生じた変種の子孫が、それらよりは改良の進んでいない前の分枝に取って代わり、それらを滅ぼしてしまうこともよくあるだろう。図では、横線まで達することなく途絶えている分枝がそれにあたる。

変化していくのは一本の系列だけで、子孫の数が増えない場合もあることだろう。それでも、分岐した変化の量は、世代を重ねるごとに増加している可能性はある。これを図で表すならば、Ａから伸びている線のうち、a^{1}からa^{10}を結ぶ一本の線だけを残した場合になる。たとえばイギリスの競走馬や猟犬のポインターなどは、どちらも途中で新しい品種の横枝を生じることなく、原種からゆっくりと形質の分岐を遂げてきたものにあたる。

図では一万世代を経て、Ａ種からa^{10}、f^{10}、m^{10}という三つの種類が生まれたことになっている。世代を重ねる間に形質の分岐を遂げたことで、この三種類は互いとの関係でも原種との関係でも、それぞれ異なる規模で大きな差異を生じるに至っていることだろう。横線間の変化の量がきわめて小さいとすれば、この三種類は未だに顕著な変種の段階に留《とど》まっているかもしれない。あるいは、亜種という曖昧な段階まで達している可能性もある。あるいはこの三種類を明瞭な種のレベルに格上げしたければ、変化の過程を踏む段階の数を増やすか、一段階の量を増幅すればいい。つまりこの図は、変種を区別する小さな差異が、種を区別する大きな差異に増幅されていく段階を説明していることになる。さらにたくさんの世代にわたって（圧縮して単純化したかたちで示したように）これと同じ過程が続けば、全部で八種の子孫が得られる。図のa^{14}からm^{14}までがそれで、いずれもが原種Aの子孫にあたる。

大きな属では複数の種が変化を起こす可能性が高い。図では第二の種Iが似たような段階を経て一万世代後に二つの顕著な集団（w^{10}とz^{10}）を生んだことになっている。この二つが顕著な変種か種のレベルかは、横線間の変化の量をどの程度と考えるかによる。一万四千世代後には六つの新種（n^{14}からz^{14}）が生まれている。それぞれの属の中では、一般に、他の種とはすでに形質が大幅に異なっている種が、変化した子孫をいちばんたくさん生み出す傾向がある。なぜならそういう種類は、自然界の経済秩序の中で、大きく異なる新しい居場所を埋める可能性がいちばん高いからだ。

そういうわけで私は、大きな変異をもち、新しい変種と種を生じた種として、属の平均からいちばんはずれているA種と、まあまあはずれているI種を選んだ。他の九種（B～HとKとL）については、変化していない子孫をずっと生じ続けたものとして描いてある。それらについては、余白の関係で上端までは達していない垂直の点線で示しておいた。

この図で示した変化の過程においては、もう一つの原理である絶滅の原理も重要な役割を演じることになる。すべての居場所が占められている土地では、自然淘汰は、生きるための闘争において他の種類に勝る利点を備えた種類を選抜することで作用する。したがってどの種においても、改良された種類が出現するごとに、その前任者や原種は常に押しのけられて滅ぼされてしまう傾向がある。

一般に競争が最も厳しいのは、習性や体質、構造などの面で互いにきわめて近縁な種類間においてであることを思い出してほしい。そのため、古い状態と新しい状態の中間、すなわちその種のなかであまり改良されていない状態にある種類はみな、原種そのものと共に絶滅させられる傾向にある。同じことは傍系《ぼうけい》の子孫すべてについても言える。それらもみな、改良された新しい系統に打ち負かされてしまうことだろう。しかし、改良された子孫がどこか別の土地に行くか、子どもと親が競争せずにすむようなまったく新しい居場所に急速に適応する場合には、両者の共存は可能である。

そこで、この図で表している変化の量がかなりの程度のものであるとすれば、原種Aと初期のすべての変種は絶滅し、八つの新種（a^{14}からm^{14}）に取って代わられたことになる。それと原種Iも、六つの新種（n^{14}からz^{14}）に取って代わられたことになる。

しかし、さらに議論を進めることもできる。自然界の状態を反映させるために、一一種の原種は、それぞれ異なる程度で、互いに似ていると仮定した。A種は、B種、C種、D種と近い関係にある。I種は、G種、H種、K種、L種と近い関係にある。A種とI種は個体数が多く、分布域も広いと仮定してある。つまり、もともと同じ属の他の種よりも有利な立場にあると想定している。一万四千世代にわたる変更を経た後の一四種類の子孫も、同じ利点をいくらかは遺伝していることだろう。そしてそれら子孫は、変更されるたびにさまざまな改良を受けることで、その土地の自然界の経済秩序の中の近接したさまざまな居場所への適応を遂げている。したがってそれらは、原種AとIだけでなく、原種ときわめて近い関係にある他の原種の居場所も取り上げて絶滅に追いやったことが大いに予想される。

そういうわけで、もともといた原種のうち、一万四千世代後に子孫を残せる種はごく少数だけということになる。あるいは、他の九つの原種と関係の遠い二種のうちの一種Fだけが、一万四千世代後まで子孫を残せたという仮定もありうる。

われわれの図では、最初は一一種から出発して最終的に一五の新種が登場している。自然淘汰は分岐をうながすため、a^{14}からz^{14}までの種間に見られる形質の差異の幅は、一一種類の原種間に見られたそれよりもはるかに大きいはずである。その上、新種間の互いの関係は、かなり多岐にわたっているはずである。原種Aから生じた八種のうちの三種（a^{14}、q^{14}、p^{14}）は、a^{10}から最近になって分かれたものであるため、かなり近縁である。それに対してb^{14}とf^{14}は、もっと前にa^{5}から分岐したものであるため、a^{14}、q^{14}、p^{14}の三種とかなり異なっている。残るo^{14}とe^{14}とm^{14}は互いに近縁だが、分岐が開始された時点で原種Aから分岐したものであるため、他の五種とは遠い関係になっている。もしかしたら、独自の亜属か属を構成するほどにまでなっている可能性もある。

原種Iから分かれた六種は、二つの亜属か属に分かれている。しかし原種Iと原種Aは、同じ属でも両端に近い位置取りで、かなり遠い関係にあった。したがって原種

Ｉの子孫の六種は、遺伝により、原種Ａの子孫八種とはかなり遠い関係にある。しかもこの二つのグループは、異なる方向に分岐したと仮定されている。そのほか、原種Ａと原種Ｉとをつなぐ中間的な種も、原種Ｆを除くすべてが絶滅し、子孫を残していない（これはきわめて重要な点である）。そういうわけで、原種Ｉの子孫にあたる六つの新種と原種Ａの子孫にあたる八つの新種は、大きく異なった別属として位置づけられる。場合によっては異なる亜科のレベルに達しているかもしれない。

つまり私に言わせれば、同じ属の複数の種から変化した子孫として、複数の属が生み出されたことになる。しかもその複数の原種は、もともとの属の中のどれか一種の子孫と想定されていて、われわれの図では、大文字の記号の下の破線で示してある。それぞれの破線は、図の下のどこか一点で交わるはずなのだ。その点はただ一つの種であり、後にいくつもの亜属と属を生むことになった唯一の原種と考えられる。

ここで、新種F^{14}の形質についても検討したほうがよいだろう。F^{14}は、原種Ｆの形質からほとんど分岐しない状態で、まったくの変更なしか、ごくわずかな変更のみで存在していることになっている。そうだとすると、F^{14}と他の一四の新種との類縁関係は、奇妙でまわりくどいものになる。原種Ｆは、原種Ａと原種Ｉの中間的な存在だったが、現在は絶滅しているため、その存在は知られていない。したがってその子孫にあたるF^{14}も、原種Aと原種Iの二つの子孫グループのある程度中間的な形質を備えていることだろう。しかしその二グループは、それぞれの原種の原型から形質を分岐させている。そのため新種F^{14}は、それらのまさに中間ではなく、二グループの原型の中間型になっているはずである。このような例は、ナチュラリストならば誰もが思い当たることだろう。

ここまで、図中の横線の上下の間隔は一千世代としてきた。しかし、一〇〇万世代としてもいいし、一億世代としてもよい。あるいは、化石を含む地層の境界線としてもよい。この問題については地質学の章で詳しく論じるが、この図は、一般には現生する生物と同じ目、科、属に分類されるものの、現存するグループ間の中間的な形質を示す絶滅種について、その類縁関係を考える上でも役立つことがわかる。古い地層から見つかる絶滅種は、枝分かれした子孫の系統がまだあまり分岐していなかった太古の時代に生息していた生物である。そう考えれば、この図の有用性がわかるだろう。

今も説明したように、このような変化の過程は、属の形成のみに限定されるものではない。われわれの図で、分岐を遂げる点線で示された個々のグループ間の変化の程度は、きわめて大きいと仮定しよう。そうすれば、a^{14}からp^{14}のグループとb^{14}とf^{14}のグループ、それとo^{14}からm^{14}のグループは、大きく異なる別個の三つの属を形成することになる。それと、原種Ⅰの子孫についても、二つの異なる属を得ることになる。しかもこの二つの属は、形質の分岐が続いたことと異なる原種の特徴を遺伝しているため、原種Ａの子孫にあたる三属との差異が拡大しているはずである。そのせいで、それぞれ三属および二属からなる二つの小さなグループは、別個の二つの科を形成することになる。あるいは、図で示した分岐の程度の取り方しだいでは、別個の目としてもよいかもしれない。それで、この二つの新しい科ないし目は、もともとは一つの属の二種の子孫にあたる。しかもその二種は、もっと古い未知の属の一種の子孫ということになるのだ。

すでに述べたように、どの土地においても、変種すなわち発端種をいちばん頻繁に生じるのは、多数の種を含む大きな属に所属する種である。じつのところこれは、予想どおりのことでもある。なぜなら、自然淘汰は生存闘争において何らかの点で有利な立場にある種類の個体を選抜することで作用するため、その作用は主に、すでに何らかの利点を備えている種類の個体にはたらくからだ。しかもグループが大きいということは、そこに含まれる種は、共通の祖先から何らかの利点を受け継いで共有していることを意味している。

したがって、変化した新しい子孫を生み出すための闘争は、主にその個体数を増やそうとしている大きなグループ間で演じられる。一つの大きなグループが、他の大きなグループを徐々に打ち負かし、相手のグループがさらに改良を進める機会を奪ってしまうのだ。同じ大きなグループ内では、後から出現してきたさらに完成度の高いサブグループが、枝分かれをして自然界の経済秩序の中のたくさんの新しい居場所を占めることにより、それ以前に出現していた完成度の劣るサブグループを絶えず押し退け滅ぼしていくことだろう。そして打ち負かされた小さなグループやサブグループは、最終的には消滅していくことになる。

未来を予測するなら、現時点で大いに繁栄しており、ほとんど打ち負かされていないか、まだほとんど絶滅させられていないグループは、この先も長期にわたって増加を続けることだろう。しかし、どのグループが最終的に繁栄するかは誰にも予測できない。なぜなら、かつては大成功を収めていたグループで今は絶滅してしまっているものも多いからである。さらに先の未来を予測するなら、大きいグループの増加は着実に続くため、多数の小さなグループは完全に絶滅し、変化した子孫を残さずに終わることだろう。さらにはその結果として、ある時点で生存していた種のうちで、遠い未来まで子孫を残せるものはほとんどいないということも予測できるかもしれない。

この問題については分類の章で再び扱うことになるが、ここでは次のことだけ述べておきたい。すなわち、かなり古い種で子孫を残しているものはきわめて少ないということと、一つの綱を形成しているのは同じ種の子孫であるということ。そしてこの二点を考え合わせると、動物界と植物界の主だった門にはなぜたったこれだけの数の綱しか存在していないのかが理解できるだろう。太古の種のうちで姿を変えて現在も存続している子孫がいるものはきわめて少数である。しかし、遠い過去の地質時代においても、当時の地球にも現在と同程度の数の綱、目、科、属に分類される数の種が生息していたかもしれないのだ。

まとめ

本章の要約――まず、これは異論のないところだと思うが、生物は、長い年月のあいだに生活条件が変わっていく中で、ともかくもその体の基本的構成のいくつもの部分を変化させるとしよう。さらに、これも異論はないと思うが、いずれの種も高い指数関数的増加率で増えるため、一生のうちのある成長段階や季節や年に、厳しい生存闘争を経験するとしよう。以上の仮定の下で、すべての生物は、生物どうしや、その生息条件ときわめて複雑な関係にあることから、それらの生物にとって有利となる構造、体質、習性面で無限の多様性を生じる。そう考えると、個々の生物自身の繁栄にとって有用な変異のうち、人間が自分たちにとって有用な変異を多数生じさせたのと同じ仕方で生じた変異など一つもなかったなどということは、およそありえないことだと思う。

生物の生存にとって有用な変異が実際に起こるとすれば、そのような形質をもった個体は、生存闘争において保存される可能性が間違いなく最大になるだろう。そして遺伝という強力な原理により、それらの個体は自分とよく似た形質をもつ子孫を生むことになる。このようにして個体が保存されていく原理を、私は略して「自然淘汰」と呼んでいる。

変異した特徴が現れる齢《とし》も遺伝するという原理があるため、自然淘汰は、成体だけでなく卵、種子、幼体の性質も変えることができる。多くの動物では、最も壮健で最も適応している雄に最大数の子孫を保証する性淘汰がはたらくことで、通常の選抜を補助することもあるだろう。性淘汰は、他の雄との闘争において、その雄にとってだけ有用な形質も授けるのだ。

自然淘汰が実際に自然界で作用し、さまざまな生物を変化させ、それぞれの生息条件や生息場所に適応させているかどうかについては、以下の章で提出する証拠の大要とその評価によって判定されるべきである。しかし、自然淘汰の作用がどのようにして絶滅を引き起こすかについては、すでに見たとおりである。また、地球の歴史においていかに多くの絶滅が起きてきたかについては、地質学が明らかにしている。

自然淘汰は、形質の分岐も引き起こす。それは、生物が構造、習性、体質面で分岐すればするほど、一つの地域に生息できる生物の数が増えるからである。その証拠は、狭い地域にすむ生物や帰化生物を調べれば見つかる。そういうわけで、どれかの種の子孫が変化していくあいだや、すべての種が個体数を増やそうとして常に闘争を演じる中で、多様化した子孫ほど、生きるための闘いで勝利する可能性が高くなることだろう。このことによって、同じ種の変種どうしを区別する小さな差異は着実に増大していき、同じ属の種間、あるいは別属の種間に見られる差異ほどにまで増大する。

いちばん変わりやすいのは、大きな属に所属していて広い分布域をもち、たくさんの個体が広く散らばっている種であることはすでに述べた。そういう種は、その土地で優勢な種になる上で有用だった利点を、変異を生じた子孫に伝えることになる。今まさに述べたように、自然淘汰は、形質の分岐を引き起こすと同時に、あまり改良されていないたくさんの中間的な生物を絶滅させる。全生物の類縁の本質はこうした原則によって説明できると、私は信じている。

あらゆる動物やあらゆる植物がすべての時間と空間を超えて類縁関係にあるというのは、見慣れているせいで見過ごしがちな事実ではあるが、まことにすばらしい事実である。その関係はグループの中にグループがあるというどこでも見かける入れ子の関係である。すなわち、同種の変種どうしがいちばん近縁で、同属の種どうしはかなり近縁なのだがそれぞれ近縁度は異なっていて節や亜属を形成しており、別属の種どうしはそれほど近縁ではないものの、属どうしはそれぞれ程度の異なる類縁関係にあり、亜科、科、亜綱、綱を形成しているのだ。綱の中のグループを一つにまとめることはできない。むしろ、一点のまわりにできた群れがさらに別の点のまわりに群れをつくるということがほとんど無限に繰り返されていく関係である。個々の種はそれぞれ個別に創造されたとする創造説では、全生物を分類した場合のこの壮大な事実を説明できないと私は思っている。私にとって最も納得のいく説明は、図に示したような、絶滅と形質の分岐を引き起こす自然淘汰の複雑な作用と遺伝による説明である。

同じ綱に属する全生物の類縁関係は、ときに一本の樹木で表されてきた。この直喩は大いに真実を語っていると思う。芽を出している緑の小枝は現生種にあたる。前年以前の古い枝は歴代の絶滅種にあたる。成長期を迎えるごとに、元気な枝はあらゆる方向に芽を伸ばそうとし、周囲の枝や小枝を覆い隠して殺してしまう。それはまさに、生きるための大いなる闘いにおいて、種や種のグループが他の種を圧倒しようとしてきたのと同じである。

太枝は大枝に分かれ、それがさらに細い枝へと分かれていく。しかしその太い枝も、樹木が小さかった当時は芽を出す小枝だった。以前の芽と現在の芽が分岐する枝で結ばれている関係は、入れ子関係になったグループの全絶滅種と現生種を分類した構図をよく表している。樹木がまだ低木だった時代に茂っていたたくさんの小枝のうちで、今は太い枝として残っていて新しい小枝をつけるのはほんの二、三本だけである。遠い昔の地質時代に生きていた種についても同じで、変化した子孫を現代に残しているのはごく少数である。

その樹木が成長を開始して以来、たくさんの太枝や大枝が枯れ落ちた。枯れ落ちたさまざまな太さの枝は、現生種は存在せず、化石でしか知られていない目、科、属などに相当する。ところで樹木の下のほうの叉《また》から細い枝が一本伸びている光景をよく目にする。運に恵まれて生き残り、先端に葉をつけている様子は、ちょうどカモノハシやレピドシレンに通じるものがある。いずれも生物の二本の大枝と類縁関係でかろうじてつながっている動物で、他から保護された場所に生息していたことで厳しい競争をくぐり抜けられたのだろう。芽は成長して新しい芽を生じていく。そして生命力に恵まれていれば、四方に枝を伸ばし、弱い枝を枯らしてしまう。それと同じで、世代を重ねた「生命の大樹」も枯れ落ちた枝で地中を埋め尽くしつつも、枝分かれを続ける美しい樹形で地表を覆うことだろう。

第5章　変異の法則

外的条件の効果——用不用と自然淘汰の組み合わせ——飛翔器官と視覚器官——気候順化——成長の相関作用——成長の代償と節約——偽りの相関——重複した構造、痕跡的な構造、つくりの貧弱な構造は変異しやすい——異常に発達した器官はきわめて変異しやすい——種特有の形質は属特有の形質よりも変異しやすい——二次性徴は変異しやすい——同属の種は類似した変異をする——長く失われていた形質への逆戻り——要約

外的条件の効果

飼育栽培生物では多様な変異が頻繁に生じるが、野生生物での変異の生じ方はそれほど頻繁でも多様でもない。ここまで私は、そのような変異が生じるのは偶然の作用によるものであるかのように書くこともあった。もちろんそうした書き方は不正確な

表現なのだが、個々の変異が生じる原因についてはまったくわかっていないことを率直に認める上では役に立つ。

個体差が生じたり、構造がわずかだけ変化するのは、子を親に似せるのと同じ生殖器官の作用であると信じている学者もいる。しかし、自然条件下よりも飼育栽培下のほうが、変異がはるかに生じやすい上に奇形が生じる頻度も高い。そのことを考えると、構造が変異することには、親やその遠い祖先が何世代にもわたってさらされてきた生活条件が、何らかのかたちで関係していると思われる。

第1章で私は、生殖器官は生活条件の変化に著しく影響をされやすいことを指摘した（この指摘が正しいことを示すにはたくさんの事実を列挙する必要があるが、ここではそれをする余裕がない）。親の生殖器官の機能が乱されるせいで、変異を生じやすい子が生まれるのではないかと、私はにらんでいる。

雄と雌の性的因子が影響を受けるのは、両者の結合が起きて新しい子が形成される前ではないかと思われる。植物の「枝変わり」では芽だけが影響を受けるが、発生初期の段階の芽は本質的に胚珠と変わらないように見える。しかし、生殖器官が乱されるせいでどこかが何らかの変異を生じるのはなぜなのだろう。その理由については皆目わかっていない。それでも、そこここに問題解明につながる微《かす》かな光明が射している。たとえわずかでも構造の変化が起きる裏には、必ず何らかの原因があるはずなのだ。

気候や食物などの違いが生物にどれほど直接的な影響を及ぼすかは、きわめて不明瞭である。私の印象は、その影響は動物ではきわめて小さいが、植物ではもっと大きいかもしれないというものだ。少なくとも言えることは、自然界の至るところで目にする、異なる生物どうしの驚くほど精妙な形態上の相互適応がそのような影響によって生み出されたはずはないということだろう。

小さな影響力なら、気候や食物などにもあるかもしれない。たとえばE・フォーブスは、分布域の南限や浅い海にすむ貝は、分布域の北のほうや深い場所にすむ同じ種の貝よりも鮮やかな色をしていると、自信たっぷりに語っている。グールドは、同種の鳥では島や海岸近くにすむものよりも、開けた環境にすむもののほうが色鮮やかであると信じている。ウォラストンは、昆虫でも、海のそばに生息すると体色に影響が出ると確信している。モカン＝タンドンは、海岸近くで育つ場合だけ葉が多肉質になる植物をリストアップしている。ほかにもそうした例はいくつかあげられる。

ある一つの種の変種が他種の生息域に進出すると、相手と同じ形質をごくわずかだけ獲得する場合が多いという事実が知られている。この事実は、種とは顕著な特徴をもつ永続的な変種にすぎないといういうわれわれの見解と一致する。たとえば、熱帯の浅い海だけにすむ貝は、寒い海の深い場所にすむ貝よりも一般に鮮やかな色をしている。グールド氏によれば、大陸だけに生息する鳥は、島に生息する鳥よりも色鮮やかであるという。海岸だけにすむ昆虫には毒々しい真鍮《しんちゅう》色をしたものが多いことは、昆虫コレクターの常識である。海岸にだけ生育する植物には多肉質のものがとても多い。これらの事実について種の個別創造を信じる者は、たとえばそういう貝は暖かい海にすむために鮮やかな色を付けて創造されたと主張することだろう。しかしその一方で、分布域を広げたほかの貝については、もっと暖かい海や浅い海に分布を広げた際に、変異を生じて鮮やかな色になったと言わねばならないはずだ。

変異が生物にとってごくわずかな役にしか立っていない場合、その変異のどれくらいが自然淘汰の蓄積作用によるもので、どれくらいが生活条件によるものなのかは判断しようがない。たとえば毛皮職人は、同じ種の動物でも気候の厳しい土地に生息している個体ほど、毛皮が厚くて良質であることを知っている。しかし、そうした毛皮の厚さの違いはどの程度まで、もっとも暖かい毛皮をもつ個体が何世代にもわたって選抜され保存されてきたおかげなのだろう。そしてどの程度までが厳しい気候の直接の影響なのだろう。いずれの疑問にもはっきりと答えることはできない。なぜなら、厳しい寒さにさらされているわけではない家畜の毛皮も、気候からそれなりの直接的な影響を受けているように見えるからだ。

これ以上考えられないほど異なった生活条件の下でも同じ変種が生み出された例や、同じ条件の下で同じ種の異なる変種が得られた例はいくらでもある。これらの事実を見ると、生活条件の作用がいかに間接的なものであるかがわかる。正反対の気候条件の下で生息していても種がまったく変異しない例は、ナチュラリストなら誰もがたくさん知っている。そう考えると、生活条件の直接的影響はきわめて小さいような気もする。ただしすでに述べたように、生殖器官に間接的な影響を及ぼし変異を引き起こすという点では、生活条件が重要な役割を演じているように思える。そして自然淘汰が、いかに小さな変異であれ、有用な変異のすべてを蓄積し、やがてはその変異を発達させ、目に見えるかたちにするのだ。

使用と不使用の作用

用不用の影響——第1章で述べた事実により、家畜ではある特定の部分を使用することで体のその部分が強化されて大きくなる一方で、不用すなわち使用されないと逆に小さくなることについては、ほとんど疑いないだろう。それと、そのような変化が遺伝するということも疑いない。人が介在しない自然条件下では、長期にわたる用不用の影響を判断する比較の基準が手に入らない。野生の生物では祖先形が知られていないからだ。しかし、不用の影響として説明できる構造をもつ動物はたくさんいる。

オーエン教授が指摘しているように、自然界で最大の変わりだねは飛べない鳥の存在だが、そのような鳥は何種類もいる。南アメリカにいるオオフナガモは羽ばたきながら水面を移動するだけで、その翼はエールズベリー種のアヒルとほとんど変わらないくらい貧弱である。地上で採食する大型の鳥は、危険から逃れるとき以外はほとんど飛ばない。それを考えると、肉食獣のいない大洋島に生息しているか最近まですんでいた何種類もの鳥の翼が、ほとんどないに等しい状態になっているのは、不用のせいであると考えられる。ダチョウは大陸にすんでいて多くの危険にさらされているが、飛んで逃げることができない。しかし、中型哺乳類の一部がするように、キックで敵から身を守ることができる。ダチョウの遠い祖先はノガンと似た習性をもっていたのではないだろうか。それが、自然淘汰によって体の大きさと体重がどんどん増加し、それに伴って、翼を使って飛ぶよりも脚を使って走ることのほうが多くなり、ついには飛べなくなったのだろう。

カービーが指摘していることだが、糞虫《ふんちゅう》の雄は前肢最末端の跗節《ふせつ》〔昆虫の脚のいちばん先の節〕が欠けている場合が多い（私も同じ事実を観察している）。カービーは手持ちの標本一七個体を調べたが、いずれも跗節の痕跡すら残っていなかったという。オニテス・アペレス（Onites appelles）という糞虫は跗節を欠いているのが当たり前なので、跗節を欠く種として学名が記載されたほどである。他の属では、跗節は存在するものの、かなり退化している。古代エジプト人が神聖甲虫と呼んだアテウクス属では跗節が完全に欠けている。

跗節の切断が遺伝すると信じてよいほどの証拠はない。アテウクス属では跗節が完全になく、他のいくつかの属ではかなり退化した状態である理由は、祖先において不用の影響が長期に及んだ結果であると説明すべきだろう。糞虫の多くで跗節がほとんど消失しているということは、一生のうちの早い時期に失われてしまうに違いない。つまり使用されることはほとんどないのだ。

本来ならば全面的あるいは主として自然淘汰の作用とすべき構造の変更を、安易に不用のせいにしてしまう可能性もある。ウォラストン氏は、マデイラ島に生息する五五〇種の甲虫のうちの二〇〇種は翅《はね》に欠陥があるせいで飛翔力を欠いており、固有の二九属のうちの少なくとも二三属の種すべてがこの状態にあることを発見した。これについてはいくつか考慮しなければならない事実がある。すなわち、世界各地で甲虫は頻繁に風に飛ばされて海に落ちて死んでいるという事実、マデイラ島の甲虫は、ウォラストン氏が観察したように風が吹き止《や》んで日が差すまで隠れていることが多いという事実、翅を欠く甲虫の割合はマデイラ島よりもむしろ吹きさらし状態のデセルタス島のほうが多いという事実、そして特に、他の場所では多数を占めている、頻繁に飛翔しなければならない生活を送っている大きな甲虫グループがマデイラ島にはほとんどいないという、ウォラストン氏が強調している異常な事実などである。

こうした事実から私は、マデイラ島でこれほど多くの甲虫が翅を欠いているのは主に自然淘汰の作用によるものであり、それにおそらくは不用の影響も関係しているのだろうと信じるに至った。つまり、何千世代にもわたって海に吹き飛ばされずに生き残る可能性が最も高かったのは、翅の発達が不完全なせいで小さな翅しかもたないか、あまり動き回らないせいで風に飛ばされる可能性が少ない個体だったということなのだろう。それと、頻繁に飛翔する甲虫ほど海に落ちる危険が大きかったせいで、消滅してしまったのだろう。

マデイラ島の昆虫のうち、地面では採食しない種類、すなわち訪花性の鞘翅類《しょうし》［甲虫のなかま］や鱗翅類《りんし》［チョウやガ］は採食のために常に翅《はね》を使用しなければならない。そのような種類は、ウォラストン氏の推測どおり、翅が縮小するどころかかえって大きくなっている。これは、自然淘汰の作用と完全に合致する事実である。なぜなら自然淘汰は、新たに島に到着した昆虫の翅を大きくするか小さくするか、いずれかの方向に作用するからだ。その際どちらの方向に作用するかは、風との戦いに勝つ生き方か、ほとんど、あるいはまったく飛ばない生き方か、いずれの生き方を選ぶほうが生き残る個体が多くなるかによる。これはちょうど、海岸の近くで難破した船員の場合に似ている。泳ぎの得意な船員は少しでも陸近くまで泳げるほうが助かる可能性が高いだろうし、泳ぎの苦手な船員は岸まで泳ぐことをあきらめ、船の残骸につかまっていたほうが助かる可能性が高いにちがいない。

モグラや穴を掘って暮らす齧歯類《げっしるい》のなかには、眼が退化して小さくなり、場合によっては皮膚や毛で完全に覆われているものもいる。そういう状態の眼は、おそらく不用による縮小が徐々に進んだせいなのだろうが、この場合も自然淘汰がそれを加速させた可能性がある。南アメリカにすむ穴居性《けっきょせい》の齧歯類クテノミス（ツコツコ）は、モグラ以上の地中生活者である。クテノミスをよく捕まえていたスペイン人は、多くの個体は眼が見えないと私に断言した。私が生きて捕まえた一匹も、たしかに眼が見えない状態だった。しかし解剖したところ、それは瞬膜［まぶたの下にあり、開閉できる透明な薄膜］が炎症を起こしていたせいであることがわかった。

頻繁に眼が炎症を起こしていたのでは体によいわけがない。しかもまっ暗な地中で生活する動物にとって、眼は必ずしも必要ではない。したがってサイズが縮小すると同時にまぶたが癒合《ゆごう》し、その上に毛が生えれば、地中生活をする動物にとってはむしろ有利かもしれない。そうだとしたら、自然淘汰が不用の影響を絶えず加速することになるだろう。

有名な話だが、オーストリアのスティリアやケンタッキーの洞穴にはさまざまな綱に属する動物が生息しており、その多くは眼が見えない。カニのなかには、眼柄《がんぺい》の先にあるべき眼を欠くものがいる。これは、望遠鏡を据える台だけ残っていて、望遠鏡はレンズごとなくなっているようなものだ。暗闇の中で暮らす動物にとって、眼は不用ではあっても有害であるとは考えられない。したがってこの場合の眼の消失は、完全に不用のせいだと思う。

盲目の動物であるホラアナネズミ（ウッドラット）は巨大なサイズの眼をもっている。シリマン教授によれば、明るい場所で何日か飼ったところ、視力をいくらかは回復したという［これは事実誤認であることがその後判明した］。前述したようにマデイラ島では、一部の昆虫の翅が用不用の影響と共に自然淘汰の作用によって大きくなったり縮小した。ホラアナネズミの場合も自然淘汰が光の減少に抵抗し、眼のサイズを増大させたように思える。一方で、洞穴にすむ他の動物はみな、不用の作用がその影響力を行使したことで眼を失ったように思える。

ほぼ同じ気候条件の土地にある石灰岩の深い洞穴ほど、世界のどこにあろうと生活条件がほぼ同じ場所はない。したがって、アメリカの洞穴とヨーロッパの洞穴にすむ盲目の動物は、いずれも洞穴での生活に適したかたちで個別に創造されたという従来の見解にしたがうとしたら、両者の体の基本的なつくりはそっくりで類縁も近いことが予想されていいはずだ。しかし、シェッテらが指摘しているように、実際はそうなっていない。二つの大陸の洞穴にすむ昆虫は、北アメリカとヨーロッパの他の生物どうしの一般的な類似度以上に近縁ではないのだ。私に言わせれば、アメリカの動物は通常の視力を備えた状態で、地上からケンタッキーの洞穴の奥深くへと何世代もかけてゆっくりと移住していったのだ。そしてヨーロッパの動物も、ヨーロッパの洞穴の中へ同じように移住したと考えるべきなのである。

習性がそのように徐々に移行することについてはいくつかの証拠がある。シェッテは、「ふつうの形態からそれほどかけ離れていない動物が明るい所から暗い所への移行を準備している。次は薄明に合わせてつくられたものが続き、最後は完全な暗闇のためにつくられたものだ」と述べている。この見解にしたがえば、動物が無数の世代を経て洞穴の最奥へと到達する頃には、不用の効果によって眼はほぼ完全に消失し、盲目になった代償として触角やひげが長くなるといった変化を自然淘汰がもたらすことだろう。

しかしそのような変化があるにもかかわらず、アメリカの洞穴動物にはアメリカ大陸の他の動物との類縁性が予想されるし、ヨーロッパの洞穴動物にはヨーロッパ大陸の他の動物との類縁性が予想される。実際、デイナ教授のご教示によれば、アメリカの洞穴動物の一部はそうだというし、ヨーロッパの洞穴昆虫にも、その周辺地域の昆虫とごく近縁なものがいる。

いずれの大陸においても、盲目の洞穴動物と周辺地域の他の動物とが類縁関係にあることを合理的に理解しようとする場合、生物はみな個別に創造されたという従来の見解で説明するにはたいへんな無理がある。旧大陸と新大陸の洞穴動物に近縁なものが何種かいることは、他の生物間のすでに知られている類縁関係から予想されることであり、奇異なことではない。また、洞穴動物にはきわめて異常なものがいると聞いても、私はさほど驚かない。たとえばアガシが指摘した盲目の魚アンブリオプシス（ドウクツギョ）や、ヨーロッパの爬虫類［当時は両生類も爬虫類と呼んでいた］ではプロテウス（ホライモリ）などがそれだ。私にとって驚きなのは、そんな暗闇にすむ生物はさほど厳しい競争にはさらされないだろうに、古代生物の面影をたたえた種類がなぜもっといないのかということだけである。

気候への適応

気候順化《じゅんか》——開花時期、種子が発芽するために必要とする雨量、休眠の時間などといった植物の習性は遺伝する。そこで気候順化という現象について少々論じてみたい。同じ属のなかにとても暑い土地にすむ種ととても寒い土地にすむ種がいるのは、ごくふつうのことである。私の意見では、同じ属の種はすべて同一の原種の子孫にあたる。そうだとすれば、原種から子孫へと至る長い歴史の中で気候順化が起こるのはたやすいはずだ。個々の種が生息地の気候に適応しているのは周知のことである。極地や温帯に生息する種は熱帯の気候には耐えられないし、その逆も言える。あるいは、多肉植物の多くは湿潤な気候に耐えられない。しかし、生息している地域の気候に生物種がいかに適応しているかについては過大視されがちである。よそから持ち込んだ植物がイギリスの気候に耐えられるかどうかはたいてい予測できないし、もっと温暖な土地から持ち込んだ動植物の多くは、イギリスでも健康に育っている。そうした事実から、つい過大視しがちなのかもしれない。

自然状態で種の分布域を限定している要因の一つは、特定の気候への適応である。また、それと同時に、あるいはそれ以上に、他の生物との競争が種の分布を限定していると信じていい理由がある。しかし、気候への適応が一般にきわめて緻密なものであろうとなかろうと、いくつかの植物については、異なる気温にもかなりの程度まで自ずと慣れてしまう、すなわち順化してしまうという証拠がある。たとえば、フッカー博士はヒマラヤのさまざまな高度に生えるマツやシャクナゲの樹木から種子を採集し、イギリスで蒔いて育ててみた。その結果、寒さへの抵抗性においてさまざまな体質を備えていることがわかった。スウェート氏はセイロンで同じような事実を観察したと話しているし、H・C・ワトソン氏も、アゾレス諸島からイギリスに持ち帰られたヨーロッパ産の植物について、同じような観察をしている。

動物についても、有史時代に、温暖な地域から寒冷な地域へ、あるいは逆へと分布域を大いに広げた種がいるという確実な例がいくつも知られている。しかし、それら分布を広げた動物が、もともとすんでいた土地の気候に厳密に適応していたかどうか、はっきりとわかっているわけではない。単に、ふつうはそうだろうと決めつけているだけである。あるいは、それらの動物は新しい環境に移動してから気候順化したのかどうかについてもわかってはいない。

家畜は、もともとは、人間の役に立つと同時に囲いの中でもたやすく繁殖するという理由から選ばれたものである。遠くまで広い範囲に連れて行けることが後でわかったから、ということではない。つまり家畜には、とても広い範囲の気候に耐えられるだけでなく、それらの気候のもとでも完全に繁殖可能である（こちらのほうがはるかに厳しい条件）という共通した並外れた能力があるのだ。こうした事実を踏まえると、野生状態にある動物の多くは、全く異なる気候にもたやすく耐えられると考えてよさそうである。

しかし、家畜のなかには複数の野生種の子孫にあたるものもいると思われるので、この主張をあまり強引に推し進めるわけにはいかない。たとえばイヌの家畜品種には、熱帯と極地のオオカミや野生イヌの血が混ざっている可能性がある［現在は野生のオオカミが唯一の原種とされている］。イエネズミを家畜と呼ぶわけにはいかないが、人間といっしょに世界各地に運ばれ、今や齧歯類のなかでは最大の分布域をもっている。なにしろ、北半球のフェロー諸島や南半球のフォークランド諸島といった寒冷な気候から、熱帯の島々にまで野生で生息しているほどなのだ。

こうした事実から私は、ほとんどの動物は生まれつき柔軟な体質を備えているため、特殊な気候にもたやすく適応できるのだと考えたい。そう考えると、人間や家畜が著しく異なる気候に耐えられることや、現在は熱帯や亜熱帯にすんでいるゾウやサイの祖先が氷河時代の気候に耐えられたという事実も、それほど異常なことではなくなる。それは単に、どの生物にも共通する体質が、特別な環境に置かれて柔軟性を発揮した例にすぎないのだ。

生物種が特定の気候に順化することは、どこまで習性だけで説明できるだろうか。あるいはどこまで、生まれつき異なる体質をもつ変種に自然淘汰が作用した結果として説明できるだろうか。あるいは両者がどれくらい組み合わされたものとして説明できるのだろうか。そのあたりは、きわめて判別しにくい問題である。

気候への順化に習性や習慣がある程度の影響を及ぼすことはまちがいない。それについては、類推をはたらかせてもわかるし、古代中国の百科全書までをも含めた農学書の教えにもある。それらの書では、動物を一つの土地から別の土地に移す際には慎重であらねばならないという教えが述べられているのだ。そもそも人間が住む個々の土地にそれぞれ特別に適合した体質をもつ品種や亜品種を、これほどたくさん個別に選抜できたとは、とても思えないではないか。気候への順化は習性に負うところが大きいと、私は思っている。その一方で、生まれた土地に最も適応した体質をもって生まれた個体が、自然淘汰によって絶えず保存されていくということを疑う理由も見つからない。

さまざまな種類の栽培植物に関する文献を見ると、特定の気候に対する耐性は変種ごとに異なるという記述がある。合衆国で出版された果樹に関する文献では、北部での栽培に適した変種と南部での栽培に適した変種がはっきりと区別されている。しかもそれらの変種の大半は、最近になって作り出されたものである。つまり、そうした体質の違いを習性に求めることはできないということだ。

キクイモは種子では殖えない。したがって新しい変種も作り出せないため、未だに耐寒性がないままである。そのような理由から、キクイモは気候順化の起こり得ない証拠とされてきた。インゲンもよく似た目的で名前があげられ、キクイモよりも注目されてきたほどだ。しかし、そのことが実験によって確かめられてきたとは言い難い。実験で証明するとしたら、まず大半が霜でやられてしまいかねないほど早い時期に種子を蒔き、生き残った少数の個体から、偶然の交雑が起きないよう注意しながら種子を採取する。そしてそれを再び同じ時期に蒔くということを二〇世代ほど実施しなければならないだろう。インゲンの実生の体質には差異など現れないと想定すべきでもない。実生の苗によって耐寒性に差があると記述した文献も存在するからである。

以上のことから次のように結論してよいだろう。体質やさまざまな器官の構造が変更されるにあたっては、習性と用不用がかなりの役割を演じる場合がある。ただし用不用の作用は、生まれつきの違いに対してはたらく自然淘汰の作用と大幅に組み合わさっている場合が多いし、ときには自然淘汰の作用のほうが勝っていたりする。

成長の法則

成長の相関作用——ここで言う成長の相関作用というのは、体制、すなわち生物の体の基本的なつくり全体は成長発達の期間を通して緊密に結びついているため、体のどこか一カ所に生じたわずかな変異が自然淘汰によって蓄積されていくと、他の部分もそれに合わせて変化するという意味である。これはきわめて重要な問題であるにもかかわらず、きちんと理解されていない。いちばんわかりやすい例は、子どもや幼生の利益のためだけに蓄積した変化が、成体の構造にも影響を与えているような場合だろう。それと同じことで、発生初期の胚を損なうような変化は、成体の体制全体にも悪い影響を及ぼす。

発生初期の胚の段階で形状が似ている相同な器官［見た目や機能は異なっていても起源は同じ器官］は、似たような変化の仕方をしやすいようだ。体の右と左が同じような変異を起こす場合、後肢と前肢、それと顎と付属肢までもがいっしょに変異するような場合がこれに相当する。じつは、下顎と付属肢は相同の関係にあると考えられているのだ。こうした傾向をほぼ完全に支配しているのは、間違いなく自然淘汰であると思われる。たとえば頭の片側にだけ角をもつシカの一族がかつて生存していたが、それがその仲間にとって大きな利益になっていたとしたら、自然淘汰によって生存が永遠に保証されていたことだろう。

相同な器官は互いに結合する傾向があるという意見がある。たしかにそういうことは奇形の植物でよく見られる。それも正常な構造をした相同な器官の結合がいちばんよく起こる。花冠の花弁が癒合して筒になる場合がそれだ。硬い部位が、隣接する柔らかい部位の形状に影響を与えるということもあるようだ。鳥の骨盤に見られる形状の多様性が、腎臓の形状の著しい多様性を引き起こしていると信じている学者もいる。あるいは、人間の母親の骨盤の形が、胎児の頭を圧迫することで、胎児の頭の形状に影響を及ぼすと信じている人もいる。シュレーゲルによれば、ヘビにとってもっとも大切な内臓の位置は、体形と獲物を飲み込む様式によって決められているという。

相関作用という結びつきの本質については不明瞭な場合が多い。イシドール・ジョフロア・サンチレール氏は、あるタイプの奇形どうしはよく同時に生じるが同時にはめったに発生しない奇形もあり、その理由はまったくわかっていないことを強調している。たしかに眼が青いネコは耳が聞こえないことや、三毛ネコは必ず雌であるという相関作用などはきわめて奇妙な現象である。ほかにも、ハトでは羽毛の生えた足の外側の指のあいだには皮膚があるという関係、孵化したての雛の綿羽の多少と成鳥の羽色とのあいだに見られる関係、あるいは相同が関係していると思われるトルコの無毛犬の毛と歯の関係なども奇妙である。最後の例との関連で言えば、哺乳類のなかで最高に奇妙な皮膚をもつクジラ類と貧歯類《ひんし》（アルマジロ、センザンコウなど）の二目は、歯もきわめて異常であり、この皮膚と歯の組み合わせは決して偶然ではないと思う。

相関作用の法則は、有用な構造かどうかとは関係なく、つまり自然淘汰とは関係なしに重要な構造を変えてしまう。その相関作用の法則の重要さを示すにあたっては、たくさんの小さな花（小花）が集まっているキク科とセリ科の花の外側の小花である周辺花と内側の小花である中心花に見られる差異が最上の例だろう。たとえばヒナギクの舌状花と筒状花の違いは誰でも知っている。文字どおり、花びらが筒状になったものと、基部だけは筒状だが先端は一枚の花びらというか舌に見えるものだ。この違いは、花の各部の発育不全を伴っている場合が多い。ところがキク科の一つの種では種子の形状まで異なっているものがある。さらにはカッシーニが記載しているように、子房［雌しべの基部にある袋状の器官］そのものとその付属部位までが変化していたりする。

そのような違いが生じるのは花どうしの圧力のせいだとする意見があり、一部のキク科植物の舌状花の種子に見られる形状はそれで説明できる。しかしセリ科植物の花冠については、フッカー博士が教えてくれたように、周辺花と中心花の違いが最も頻繁に見られるのは花頭が最も密な種ではない。周辺花が花の他の部位の養分を奪って発達することが、中心花の発育不全の原因とも考えられる。しかしキク科植物のなかには、花冠には違いが見られないのに、周辺花と中心花の種子には違いが見られるものがある。そうしたいくつかの違いについては、中心花と周辺花への養分の流れ方の違いが関係しているのかもしれない。少なくとも、不整正花［花びらが放射状ではなく左右対称に並んでいる花］でも軸に最も近い花はきわめて頻繁に正花現象を起こして整正花［花びらが放射状に並んでいる花］になることが知られている。

相関作用の顕著な例として、私が庭のゼラニウムで観察した最近の例を付け加えてもよいかもしれない。房の中心に位置する花は、上の二枚の花びらが二枚とも暗色の斑《ふ》を消失させることが多いのだ。そういう消失が起こると、その花の蜜腺は完全に発育不全となる。一方、上の二枚の花びらのうちの一枚が暗色を消失させた場合、蜜腺は大幅に縮小するだけである。

頭状花序［キクやタンポポの花のように小さな花が集合したもの］あるいは散形花序［セリなどのように花の軸の先端に柄をもつ花が放射状についているもの］の中心花と周辺花の花冠はなぜ異なっているのだろう。この説明としてC・C・シュプレンゲルは、周辺花である舌状花の役割は昆虫をひきつけることであり、そのことがこの二つのグループの植物の受粉にとって大いに有利となっていると主張している。この考えは、強引なこじつけに思えるかもしれないが、私はこじつけだとは思わない。もしそのような利点があるとしたら、自然淘汰の出番があったはずではないか。

しかし、種子の内部構造と外部構造の違いのように、花の形態の違いとは必ずしも相関していないものについては、その違いが植物にとって何らかの点で有益であることはなさそうだ。ただしセリ科では、種子の形状が重要な形質と見なされている。オーギュスタ・ド・カンドル［アルフォンスの父］は、種子の形状の差異に基づいてグループの主要な分類を行なっているほどである。ちなみにタウシュによれば、セリ科の種子は、周辺花では直立した種子の側面がふくらんでいるが、中心花では側面が凹《へこ》んでいるという。そういうわけで、分類学者が重視する構造の変化は成長の相関作用に関する未知の法則によるもので、知りうる限り、種にとっていかなる利益ももたらしていないのかもしれない。

その種を含むグループ全体に見られる共通した構造であり、正しくは遺伝しているだけなのに、誤って成長の相関作用のせいにしてしまうことがよくある。たとえば、遠い祖先が自然淘汰の作用によってある構造の変化を獲得し、さらにその数千世代後の子孫が別の変化を独立に獲得したとしよう。その場合その二つの変化は、多様な習性をもつ子孫の全グループに受け継がれているため、何らかの必然的なかたちで相関していると考えたとしても当然である。そうなるとこの場合もまた、グループ全体に生じている相関らしきものは、自然淘汰の作用によってのみ生じたものであると考えて問題なさそうだ。

たとえば、アルフォンス・ド・カンドルが指摘しているように、羽のある種子は開裂しない果実では決して見つからない。この規則を説明するには、果実が開裂しなければ自然淘汰の作用で種子が徐々に羽を獲得することはできないという事実を指摘すべきだろう。風にふわふわ乗って遠くまで運ばれることに少しでも適した種子を生じる個体は、散布には適さない種子を生じる個体よりも有利だったはずである。しかもこの過程は、開裂しない果実では進行しようがなかったはずなのだ。

エチエンヌ・ジョフロア・サンチレール［イシドールの父］とゲーテは、ほぼ同時期に、成長の補償の法則すなわち成長の均衡の法則を提唱した。これはゲーテの言葉によれば、「自然は一方で浪費するためにもう一方で節約を強いられている」というものだ。この指摘は飼育栽培生物に関してはある程度まで正しいと思う。一つの部位なり器官に養分が過剰に流れるとしたら、他の部位にも過剰に流れることはまずない。つまり、たくさんのミルクを出しながらすぐに太るようなウシは望めないということである。キャベツの一変種が、滋養に富んだたくさんの葉とたくさんの油が採れる種子を同時に大量につけることはない。果物では種子が萎縮すると、その一方で果実そのものの量が増し、質も向上する。ニワトリでは、冠羽が大きければとさかは小さく、くちばしの羽毛が大きいと肉だれは縮小する。

それに対して野生の種では、この法則が普遍的に当てはまるとは言いがたい。それでも観察眼の鋭い研究者の多く、それも特に植物学者は、この法則の正しさを信じている。しかし私は、ここではその例証をあげないことにする。なぜなら、ある部位が自然淘汰の作用で大きく発達し、それに隣接する部位が同じ作用あるいは不用の影響によって縮小している場合と、ある部位が過剰に成長したことで隣接する部位の養分が吸い取られて縮小した場合を区別することは困難であると思われるからだ。

私の見るところ、ここで例をあげた補償作用の事例の一部は、他の事例でもそうであるように、もっと一般的な原理に含まれるかもしれない。すなわち、自然淘汰は体のつくりのあらゆる部分で節約に努めるという原理である。生活条件が変化したことで、それまで有用だった構造の価値が下がるとしたら、その構造の発達が少しでも減少すれば、たとえそれがいかにわずかな減少であっても自然淘汰の網の目にかかるだろう。なぜなら、無用の構造を構築するために養分を浪費しないことが、その個体の利益になるからである。

私が蔓脚《まんきゃく》類の研究をしていて驚かされた事実も、そう考えないと理解できない。他にもたくさんの例をあげられると思うが、蔓脚類の事例とは、他の蔓脚類の体内に寄生することで保護されている蔓脚類は、自分自身の殻である周殻をほぼ完全に消失させているというものである。イブラ属（Ibra）の雄がそうだが、プロテオレパス属（Proteolepas）ではそれがもっと極端になっていた。他の蔓脚類の殻は、大きな神経と筋肉を備え、巨大に発達した頭状部前方のきわめて重要な三つの体節でできている。

ところが寄生性で寄主に守られているプロテオレパス属は、頭状部前方の部位全体が萎縮し、蔓脚の基部に付着した痕跡器官となっている。プロテオレパス属が、寄生性になった時点で不要になった複雑で大きな構造を節約することは、たとえ緩慢な段階を踏むにしても、この種の次世代以降の個体にとっては決定的な利益となるだろう。すべての動物がさらされる生存闘争において、プロテオレパス属の各個体は、無用となった構造を発達させるための養分をむだにしないことで、自分を存続させる可能性を高められるからだ。

そういうわけで、自然淘汰は体のどの部分にしろそれが余分な存在になったとたん、余分になった部位を長い時間をかけて縮小し節約することに必ず成功すると、私は信じている。しかも、他の部位を何らかの方法でその分だけ大きく発達させることなしにである。そしてその逆も言える。自然淘汰は隣接する部位を縮小させるという代償を必ずしも伴うことなく、いかなる器官でも大きく発達させられるのだ。

イシドール・ジョフロア・サンチレール［前出のエチエンヌの息子］が指摘しているように、変種でも種でも、ある部位や器官が同一個体の体で何度も反復されている場合（ヘビの椎骨や多雄蕊《ゆうずい》性の花の雄しべ）、その数は変異しやすいのに対し、反復数の少ない部位や器官の数は一定であるという規則がありそうだ。イシドール・ジョフロア・サンチレールと何人かの植物学者は、反復されている部位はその構造もとても変異しやすいと指摘している。オーエン教授が「植物的反復」と呼ぶこの反復は、体の基本的構成レベルの低さを示すものであるように思える。そうなると上記の指摘は、自然の序列の低い位置にある生物のほうが高い位置にある生物よりも変異しやすいという、ナチュラリストの一般的見解と関連しているように思える。

私がここで言う低い位置というのは、体の部位のうちで特定の機能にあまり特殊化していないものがいくつもあるという意味である。同一の部位が多様な仕事をこなさねばならないあいだは、その部位が特定の目的だけをこなす場合よりもなぜ高い変異性が維持されるべきなのかが理解できるだろう。すなわち、形態のわずかな変異が自然淘汰によってさほど丹念に保存されたり排除されない理由が、理解できるはずである。それは、何でも切るためのナイフはおおむねどんな形状でもよいが、特定の仕事をこなすための道具はそれなりに特別な形をしていたほうがよいのと同じことだろう。自然淘汰は個々の生物の個別の部位に作用できるが、それはそのことで個体の利益になる場合のみである。これは肝に銘じておくべきことだ。

これは何人かの学者が指摘し、私も正しいと信じていることだが、痕跡器官はきわめて変わりやすい。痕跡器官と発育不全の器官については、一般的な問題として後ほど改めて取り上げる。ここでは、そうした器官が変わりやすいのはすでに不用になっているためであり、そのせいで自然淘汰には構造の変異を精査する力がないためだろうとだけ指摘しておく。そのせいで痕跡器官は、さまざまな成長の法則の自由な裁量にまかされ、不用の結果として長期にわたって放置されたまま、先祖返りする傾向の下に置かれている。

部位によって異なる変異のしやすさ

類縁種と比べて極度に発達している部位ほどきわめて変異しやすい——何年か前のこと、私は上記とほぼ同じ作用に関してウォーターハウス氏が発表した論考に感銘を受けた。また、オランウータンの腕の長さに関するオーエン教授の観察を読んで、教授もほぼ同じ結論に達しているのだと判断している。この主張の正しさを納得してもらうためには、私が集めたたくさんの事実を羅列する必要があるのだが、ここではそれができない。そこで、これはきわめて一般性の高い規則であるという私自身の確信を述べるにとどめたい。誤解を招きやすい原因についてはわかっており、それについてはそれなりの配慮をするつもりである。

まず、この規則は、単に極端に発達した部位ならばよいというわけではなく、近縁な種の同じ部位と比べて異常に発達した部位でなければ適用されないということを理解してほしい。したがって、コウモリの翼は哺乳類においてはたしかに異常な構造だが、コウモリの仲間はすべての種が翼をもっているため、この規則は適用されない。

ただし、コウモリのうちの一種だけが同じ属の他の種との比較で目を引く翼を発達させたとしたら、適用可能である。

この規則は、奇妙な見かけをした二次性徴については、よく当てはまる。二次性徴という用語はハンターが用いたもので、雌雄のうちの一方だけが保有し、繁殖行為と直接の関係はない特徴を指すものだ。この規則は雄にも雌にも当てはまるが、雌が顕著な二次性徴を備えている例は少ない。そのため、雌にはあまり適用されない。

この規則が二次性徴にこれほどうまく当てはまるのは、異常な見かけかどうかは別にして、二次性徴がきわめて変異しやすいためかもしれない。この変異しやすいという事実についてなら疑問はないのだ。しかし、この規則は二次性徴だけに限定されるわけではない。その明らかな証拠は雌雄同体の蔓脚類である。私はこのグループを研究中、ウォーターハウス氏の指摘に特に留意していた。それとこの規則は蔓脚類のほぼすべてに当てはまると今は完全に確信していることを、あえてここで断っておく。

将来の著作ではさらに注目すべき事例を列挙するつもりでいるが、ここではいちばんよく当てはまる例を一つだけ紹介する。無柄《むへい》蔓脚類（フジツボ類）の頂部を覆う蓋《がい》板《ばん》はあらゆる意味で重要な構造であり、属が違っていてもほとんど差異がない。しかしピルゴマ属（Pyrgoma）の何種かでは、蓋板が驚くほど多様化している。別種の相同な蓋板の形状が、まったく異なっていたりするのだ。同じ種の個体間でも大きな変異があり、これほど重要な形質だというのに、同種の変種間のほうが別属の種間以上に異なっていると言っても誇張ではないほどなのだ。

同じ土地にすむ鳥は変異が驚くほど少ない。そのため私は特に鳥に注目しているのだが、この規則は鳥類では確実に成り立つようだ。しかしこの規則が植物にも当てはまるとは断言できない。ただし、植物にはとても大きな変異性がある。そしてそのため、植物では変異しやすさの相対的な比較がことさら困難になっている。もしそういう事情がなかったとしたら、この規則の正しさに対する私の信頼は揺らいでいたことだろう。

どの種においても、ある部位や器官が驚くほどの程度や様式で発達している場合には、その部位や器官はその種にとってきわめて重要であると考えてよいだろう。ただしその場合、その部位はとても変異しやすい。なぜ変異しやすいのだろうか。すべての種は、現時点で目にするすべての器官を備えた状態で個別に創造されたとする創造説では、この疑問に答えることはできないだろう。ところが、種のグループは別の種の子孫であり、自然淘汰の作用によって変化してきたという見解に立てば光明が見えてくる。

家畜では、一部の器官あるいはその動物そのものが注目されなくなり、その結果として選抜の対象ではなくなると、その器官――たとえばニワトリのドーキング種のとさか――や品種全体がほぼ一様な形質を保てなくなってしまう。そうなった品種は、劣化したとか退化したと言われることになる。

痕跡器官や、特定のいかなる目的にもほとんど特殊化していない器官において、あるいは多型と思われるグループにおいて、われわれはこれとほぼ同じ事例を目にしている。なぜならそのような事例では、自然淘汰が十分には作用せずにきているか、十分に作用することもできないからである。そのせいで、生物の体のつくりは変動した状態のままなのだ。しかしここでよりいっそう注目すべきは、家畜では、選抜の対象となっているために急速に変わりつつある箇所は、著しく変異しやすい箇所でもあるということだ。

ハトの品種を見てみよう。桁外れの量の差異が見られるのは、さまざまなタンブラー種のくちばしであり、さまざまなイングリッシュキャリアーのくちばしと肉垂れであり、ファンテール種の姿勢と尾羽などである。そしてこれらの箇所こそ、イギリスの愛鳩家たちが主に注目している箇所である。

たとえばくちばしの短い短面タンブラーのような亜品種でさえ、ほぼ完璧な個体を生ませることは恐ろしく難しい。亜品種のスタンダードから大きく外れた個体が頻繁に生まれるからだ。そこでは絶えざる闘争が進行していると言っても過言ではない。一方では、少しでも変化していない状態へと先祖返りする傾向と、あらゆる種類の変異をさらに起こそうという生まれつきの傾向が同時にはたらいている。もう一方では、品種のスタンダードを保とうとする弛《たゆ》みない選抜の威力がはたらいている。しかし長い目で見れば、人間による選抜が勝利を得る。

良質な短面の系統からふつうのタンブラーのような粗末な鳥を作ってしまうことに関しては心配しなくてもよい。だが、選抜が急速に進んでいるあいだは、変更を加えている構造には大量の変異性があることを常に期待してよい。そしてさらに注目すべき事実がある。人間の選抜によって生み出された変異しやすい形質は、まったく未知の原因により、雌雄どちらか一方の属性になりやすいということだ。しかも、イングリッシュキャリアーの肉垂れやパウターの肥大した嗉嚢《そのう》のように、雄にだけ出ることが多い。

野生に話を戻そう。ある一つの種において体の一部が同じ属の他種よりも異常に発達しているとしたら、その部位はその種がその属の共通祖先から枝分かれした後で、異常な量の変更を受けたのだと結論してよい。しかもそれに要した期間が極端に長いということはないだろう。種が一つの地質時代よりも長く存続することはめったにないからだ。変異の量が異常に多いということは、変異性が長い期間にわたって異例なほど大量に持続し、それが自然淘汰の作用によって種の利益のために蓄積され続けたということである。

しかし、異常に発達した部位や器官の変異性がそれほど大きく、しかも地質時代ほどではないものの長期にわたって持続してきたことからは、一つの規則性が見つかるだろう。その規則とは、そのように大量の変更を遂げた部位に関しては、より長期にわたってほぼ一定だった他の部位よりも、通則として今もなおたくさんの変異性が見つけられるだろうというものだ。いや実際に見つかると、私は確信している。自然淘汰を相手に、先祖返りしたがる傾向と変異性が繰り広げる闘争も、やがては終結する。そして最も異常に発達した器官も変異しなくなるだろう。この点について、私は疑う理由を見つけられない。したがって私の理論によれば、いかに異常なものであれ、たとえばコウモリの翼のように、ある器官が、多くの変化した子孫にほぼ同じ状態で伝わっているとしたら、それは膨大な期間にわたってほぼ同じ状態のままで存在してきたに違いないことになる。つまり、他のどの器官よりも変わりにくい器官になっているということだ。たくさんの変異、すなわち「創成的な変異性」とでも呼ぶべきものが現在も高い度合いで見つかるとすれば、それは、その変更が生じたのはかなり最近のことで、変更の規模も異常に大きかった場合である。なぜならそういう場合、一方では有用な状態と有用な程度の変異を生じている個体が選抜され続け、もう一方ではあまり変化していなかった以前の状態へ先祖返りする傾向が退けられ続けてもなお、そのような変異性はまだ固定されていないことを意味するはずだからである。

種の特徴は属の特徴よりも変わりやすい

ここまで述べてきた原理はさらに拡張することができる。よく知られているように、種特有の形質は属特有の形質よりも変異しやすい。その意味について、やさしい例で説明しよう。植物の大きな属に含まれる種のなかに、すべての花が青い種とすべての花が赤い種があるとしたら、花の色はそれぞれの種特有の形質にすぎない。そのため青い花の種が赤い花に変わっても、あるいはその逆が起こっても、誰も驚かないだろう。しかしすべての種が青い花だとしたら、花の色が青いことはその属特有の形質ということであり、花の色が変わることはかなり異例な状況ということになる。

あえてこの例を選んだのは、大半のナチュラリストが採りたがる説明が、この場合には適用できないからである。それは、種特有の形質が属特有の形質よりも変わりやすいのは、種特有の形質が属の分類に使われる形質よりも生理学的な面で重要ではないからだという説明である。私に言わせれば、この説明は、一部正しいものの、間接的に正しいにすぎない。この問題については分類の章で再び取り上げるつもりだ。

種特有の形質が属特有の形質よりも変わりやすいという主張を支持する証拠は、いちいちあげるまでもないだろう。ただし自然史学の文献には、大きな属全体では一般にあまり変異が見あたらない重要な器官や部位が、近縁な種間ではかなり異なっていることを驚きをもって指摘している論文が多い。ところがそういう場合でも、「重要」とされるその器官や部位は、同じ種の個体間でも変異している場合が多いのだ。

この事実は、属の一般的な特徴とされる形質が、価値が下がって種の特徴に格下げされてしまうと、生理学的重要性は維持したままで、変異性を示すようになりやすいことを教えている。

ほぼ同じことは奇形についても当てはまる。ある器官について同じ属の別種間で正常な差異が見られる場合、その差異が大きいほど、その器官は個体レベルでは奇形を起こしやすいのだ。これについては、少なくともイシドール・ジョフロア・サンチレールは賛成してくれるものと思う。

すべての種は個別に創造されたという従来の見解に立つとしよう。その場合、同じ属の異なる種もすべて個別に創造されたと考えるわけだが、それらの種間で構造が異なっている部位のほうが、多くの種で似かよった構造をしている部位よりも変異しやすいことをどう説明するのだろうか。いかなる説明もできないと、私は思っている。しかし、種とははっきりと固定された変種にすぎないという見解に立つなら、種が今もなお変異を起こし続けている部位の構造は、かなり最近になって変更が生じた構造であり、そのせいで変わりつつあるのだということが理解できるはずである。

別の言い方をしてもいい。同じ一つの属に含まれる種においてみなよく似ている箇所で、なおかつ別の属の種とは異なっている箇所が、属特有の形質と呼ばれる。私は、そのような共有の形質は共通の祖先から受け継いだものであると考えている。なぜなら、自然淘汰が複数の種をかなり大きく異なった習性に適合させるにあたって、まったく同じ仕方で変化させるということは、まずありえないからである。

属特有の形質と呼ばれるものは、遠い昔に種が共通の祖先から枝分かれしたときから受け継いできた形質であり、それ以降変化してこなかったか、変化したにしてもごくわずかだった。したがってその形質は現在に至ってもまだ変化していないのだ。一方、同じ属の種間で異なっている箇所は、種特有の形質と呼ばれている。そうした種特有の形質は、その種が共通の祖先から枝分かれして以後に変異を起こすことで差異を生じたものであり、今もなおある程度は変異し続けている可能性がある。少なくとも、体の基本的なつくりのなかで長らく一定のままだった部位よりは、変異を起こしやすいということなのだ。

二次性徴の変異

この問題との関連で、二つだけ指摘しておきたいことがある。二次性徴がとても変異しやすいことは、詳細に立ち入らなくても認めてもらえると思う。また、同じグループに属する種どうしでは、体の特徴のなかでは二次性徴の差異がいちばん大きいということも、同じく認めてもらえると思う。たとえば二次性徴がとても目立つキジ類の雄間の差異の大きさと、雌間の差異の大きさを比べてみるといい。そうすれば、私の言いたいことが納得できるだろう。

二次性徴の変異がもともとこれほど大きい理由ははっきりしない。しかし、二次性徴が他の部位とは異なり可変的で一様ではない理由はわかる。それは、二次性徴を蓄積したのは性淘汰の作用だからである。性淘汰の作用は、通常の自然淘汰の作用ほど厳格ではない。死をもたらすわけではなく、好まれない雄は子孫をあまり残せないだけだからだ。二次性徴が変異しやすい理由が何であれ、きわめて変異しやすいからには、性淘汰の射程範囲は広いことになる。そのため、同じグループの種では、体の他の部位で見られるよりも大きな差異が二次性徴に生じているのだ。

同じ種の雌雄間に見られる二次性徴の違いは、一般に、同じ属の種どうしのあいだで大きな差異が見られる部位に現れる。この点を説明するために例を二つあげよう。

一つは、たまたま私のリストに載ったものだが、この二つの例における差異は性質がきわめて異例なので、偶然の関係ではありえないものだ。甲虫の大きなグループ内では、跗節の環節数が同じという形質がほぼ共通している。ところがウェストウッドによれば、オオキノコムシ科（Engidæ）では環節の数が種間で著しく変異しているだけでなく、同じ種の雌雄間でも異なっているという。あるいは、膜翅《まくし》類の中の巣穴を掘るハチのグループでは、翅脈のパターンは大きなグループ内で共通しているので、もっとも重要な形質である。しかしある属では種ごとに翅脈のパターンが異なっているだけでなく、この場合も、同じ種の雌雄間でも異なっている。

私の見解から言えば、種間で見られる差異と二次性徴との上述した関係には明らかな意味がある。同じ属に分類されるすべての種は、同じ種の雄と雌がそうであるように、間違いなく同じ祖先の子孫であるというのが私の見解である。したがって共通する祖先、あるいはそのごく初期の子孫のどの部位が変異するようになったにしろ、その部位の変異は自然淘汰と性淘汰が作用する対象となり、個々の種を自然界の経済秩序の中のそれぞれの居場所に適合させるために利用された可能性が高い。同じく、同じ種の雄と雌を互いに適合させるために、あるいは雄と雌を異なる生活習性に適合させるために、さらには雌をめぐる雄どうしの闘争に雄を適合させるために利用された可能性が高いのだ。

それでは最後に結論をまとめよう。私は以下のような原則について論じた。

種特有の形質すなわち種間を区別する形質のほうが、属特有の形質すなわち同じ属の種が共有している形質よりも変異性が大きい。ある一つの種において、同じ属の他の種に比べて異様に発達している部位は、きわめて高い変異性を示す場合が多い。その一方で、その属全体に共通する部位は、たとえ異様に発達しているとしても、変異性そのものはそれほど高くない。

二次性徴の変異性は高く、近縁種間では同じ二次性徴間の差異もきわめて大きい。二次性徴が見られる部位は、一般に種特有の通常の差異が見られる部位でもある。

以上の原則はすべて密接に関係し合っている。そしてそのすべては、以下の事実に基づいている。すなわち、同じ属の種は共通の祖先に由来しており、共通に受け継いでいるものも多い。最近になって大幅に変化した部位は、遠い昔に受け継いでそのまま変化してこなかった部位よりも未だに変異しやすい。先祖返りと変異性をさらに高める傾向は、時間が経過すればするほど自然淘汰によって抑えられてきた。性淘汰は自然淘汰ほど厳格ではない。一つの部位で生じた変異が自然淘汰と性淘汰の作用によって蓄積され、二次性徴や通常の特定の目的に提供されるようになったのである。

相似的な変異と先祖返り

異なる種が相似的な変異を示したり、しばしば一つの種の一変種が近縁な種の形質を備えたり、遠い祖先の形質に逆戻りすること——上記のような現象を理解するには、飼育栽培品種を調べるのがいちばんわかりやすい。

ハトの品種で、遠く離れた国で別々に作られた著しく異なる品種に、頭の羽毛が逆立ち、足にも羽毛のある亜変種がいる。これは原種である野生のカワラバトにはなかった形質であり、複数の異なる品種に見られる相似的な変異である。尾羽が一四枚だったり、ときには一六枚のパウターをよく見るが、それは別の品種であるファンテールの正常な特徴をもった変種と考えられる。そのような相似的な変異はみな、ハトの多くの品種が共通の祖先から同じ体質と、何かはわからないが類似した作用を受けたときに同じ変異を起こす傾向を遺伝しているためである。このことは疑いようがないと思う。

植物界でも相似的な変異の例が知られている。スウェーデンカブとルタバガの肥大した茎というか、ふつうは根と呼ばれているものがそれである。この二つは、ふつうは共通の原種から栽培によって作られた変種と見なされている。もしそうではないとしたら、この例は、いわゆる別種に見られる相似的な変異ということになる。そしてこの二つに第三の種としてふつうのカブを加えられるだろう。個々の種はそれぞれ個別に創造されたという通常の見解に従うならば、この三つの植物の肥大した茎に見られる類似は、それぞれ個別によく似た形態に創造されたためということになる。つまり真の原因は、同じ祖先に由来しているせいで同じ変異を示す傾向を共有しているためではないというのだ。

しかし、ハトでは別の例もある。翼に二本の黒い帯があり、腰が白く、尾の先に黒い帯があり、外側の羽の基部近くの縁が白い青灰色のハトが、どの品種でもときどき出現するのだ。これらの特徴は、いずれも原種にあたるカワラバトの形質である。したがってこれは先祖返りの例であり、複数の品種で相似的な変異が起こった例ではないという解釈に、誰も異論はないと思う。自信をもってそう結論できるのは、すでに見たように、そのような羽色の特徴は羽色の異なる二品種を交雑させた個体でよく出現するからだ。しかもそのような交雑では、複数の特徴を備えた青灰色の羽色を再現させるような生活条件の変化など存在しておらず、遺伝の法則に基づく交雑の作用としてしか説明できないからだ。

何百世代ものあいだ失われていたと思われる形質が再出現するというのは、間違いなく驚くべき事実である。ところが、ただ一度だけ他の品種と交雑させただけなのに、その子孫が交雑相手の形質に戻る傾向を一〇世代とか二〇世代にもわたって示すことがままある。一二世代を経た時点での、いわゆる祖先との血の濃さは、わずか二〇四八分の一でしかない。ところが先祖返りの傾向は、別の品種の血がたったこれだけ入っていることによって保持されていると、一般には信じられているのである。

交雑が行なわれたことのない品種で、しかも両親ともが祖先の形質を一部失っている場合、失った形質を再現する傾向は、強いか弱いかは別にして、すでに見たように大方の予想に反してほとんど何世代でも伝わっていく。その品種がとうに失ったはずの形質が多くの世代を経た後に再び出現する場合の最も納得のいく仮説は、子孫が突如として何百世代も前の祖先をまねたのではなく、問題の形質を再現する傾向は世代更新の間もずっと存在していて、それが未知の好条件を受けてついに日の目を見たというものである。

たとえば青い羽色に黒い翼帯を生じる頻度が最も少ないバーブ種でも、そういう羽色を生じる傾向はどの世代にも存在してきた可能性がある。これはあくまでも仮説ではあるが、いくつかの事実によって裏付けられる。何の役にも立っていない痕跡的な器官と誰もが認める形質が遺伝されていることを考えれば、何らかの形質が延々と受け継がれてきて何かのきっかけで現れるという傾向が存在することも、まったく信じられないことではない。それどころか、単に痕跡器官を生じるだけの傾向が遺伝しているのをときどき見かける。たとえば四本の雄しべしかないふつうのキンギョソウ(Antirrhinum)で、五本目の雄しべの痕跡がよく見つかる。つまりキンギョソウは、雄しべの痕跡を生じる傾向を遺伝しているのだ。

私の学説によれば、同じ属の種はすべて共通の原種の子孫にあたると考えられる。

したがっていずれもみな、よく似た変化のしかたをすることが予想できる。その結果、一つの種の変種が別種とよく似た形質を示すこともある。この場合、別種とは言っても、私に言わせればみな顕著な特徴を備えた永続的な変種にすぎない。ただしそうやって獲得する形質は、おそらくそれほど重要な形質ではないはずである。なぜならば重要な形質はすべて自然淘汰の支配下にあり、種ごとに異なる多様な習性に合うかたちで存在しているはずだからである。生活条件と遺伝的体質との相互作用に委ねられるものではないのだ。さらには、同属の種が失っていた祖先形質にときとして戻ることも予想される。しかしながらそのグループの共通祖先の形質が正確にどういうものだったかはわからないため、それが自然淘汰による相似的な変異なのか先祖返りなのかは判別できないだろう。

たとえばカワラバトの足には羽毛がなく、跳ね上がった冠羽もないことを知らなかったとしたら、飼いバトの品種に見られるそのような形質が先祖返りなのか、それとも単なる相似的な変異なのかは判断しようがない。ただし青い羽色を生じる場合については、青色との相関が高く、しかも単純な変異だけではそろって出現しそうにない模様の数の多さから見て、先祖返りであると判定できるかもしれない。しかも、その青色とさまざまな模様が現れるのは、羽色が異なる品種をかけ合わせた場合が多いことを考えればなおさらである。そういうわけで、一般に自然状態では、どれが遠い祖先の形質への復帰で、どれが相似的な新しい変異なのかを決めることは難しい。しかし、私の学説によれば、同じグループの他のメンバーにすでに現れている形質（先祖返り形質か相似的な変異かのいずれか）と同じ変異をもつ個体が、別のメンバーでも見つかるはずなのである。事実、自然界では実際にそうなっている。

たくさんの変異をもつ種の分類はとても困難な仕事だが、その原因のかなりの部分は、変種が同じ属の他の種の変種をいわばまねていることによる。変種とすべきなのか種とすべきなのかはっきりしない二つの種類の中間的な存在についても、たくさんの例をあげることが可能である。中間的な存在にあたるすべての種類も個別に創造されたものであるという見解を否定するとしたら、中間的な種類が生じたのは変異する過程で他の種類の形質を備えるようになったためだということを意味している。

しかし最良の証拠は、変異の少ない重要な部位や器官が、ときに変異を起こして近縁種の同じ部位や器官の形質をいくらかなりとも獲得している例に見つかる。私はそのような証拠をたくさん集めた。しかしこれについてもやはり、ページ数の都合で紹介できないのが残念である。そのような事例はたしかに存在しているし、きわめて注目すべきだろうと繰り返し強調するしかない。

ただし、とても複雑で奇妙な例を一つだけ紹介しておこう。重要な形質に影響が及んでいるわけではないのだが、家畜でも野生種でも、同じ属の複数の種で生じている例で、しかも先祖返りのように見える例である。シマウマの脚に見られる横縞がロバの脚にもはっきりと現れる例は珍しくない。それは当歳児でいちばん顕著に現れると言われてきた。私は聞き取り調査を行ない、それは事実であると確信している。そのほか、肩の縞は二重になることもあると言われている。

肩の縞はたしかに長さも輪郭もきわめて変異に富んでいる。アルビノではない白いロバでは、背筋にも肩にも縞はない。体色の濃いロバでは、縞はほとんど目立たないか、まったく存在しない。パラスクーランと呼ばれる野生ロバには、肩に二重の縞があったという。アジアノロバには肩の縞がないが、ブリス氏らによれば、縞の痕跡がときどき現れるという。プール大佐から直接聞いた話では、アジアノロバの当歳児には一般に脚に縞があり、肩にもかすかな縞がある。クアッガは体にシマウマと同じようなはっきりした縞があるが、脚にはない。しかしエイサ・グレイ氏は、後ろ脚の膝の部分にシマウマのような明瞭な縞のある個体を標本画として残している。

ウマに関しては私も自分で、イングランドの顕著な品種とあらゆる毛色のウマについて背中の縞模様の有無を調べた。河原毛には脚に横縞があり、栗毛でも一例見つかった。河原毛には肩に薄い縞模様があるものもいる。私は一頭の鹿毛《かげ》でその痕跡を見つけた。私の息子は私のために、両肩に二重の縞、足に横縞のあるベルギー産の河原毛の荷役馬を詳細に調べ、絵を描いてくれた。私が絶対の信頼を置く人は、両肩に三本の短い縞が平行に走っている河原毛のウェルシュポニーを詳しく調べてくれた。

インド北西部のカチワー種のウマは縞があるのがふつうで、インド政府のためにその品種を調べたプール大佐は、縞のないウマは純粋なカチワー種とは認められないと述べている。背筋には必ず縞があり、脚にもふつうは横縞がある。肩に縞があるのもふつうで、二重ないし三重である。顔の側面にまで縞のあるものもいる。子ウマの縞は明瞭だが、歳《とし》をとったウマでは完全に消えている場合もある。プール大佐は、葦毛《あしげ》と鹿毛のカチワー種の当歳児には縞があることを確認している。さらにはW・W・エドワーズ氏の情報により、イギリス産の競走馬では、背中の縞があるのはおとなのウマよりも子ウマのほうがはるかにふつうであると考えてよさそうである。

これ以上は詳細に立ち入らないが、私はさまざまな品種のウマの脚と肩の縞模様について、西はイギリスから東は中国、北はノルウェーから南はマレー諸島まで広範に集めたということだけは言っておきたい。世界中のどこでも、縞模様がいちばんよく生じるのは河原毛である。河原毛といっても、そこには茶色と黒の中間の色からクリーム色に近いものまで幅広い色が含まれる。

ハミルトン・スミス大佐がこの問題に言及し、ウマの品種は複数の野生種を原種にしており、そのうちの河原毛の原種に縞模様があったこと、私が記した特徴はみな河原毛の原種との交雑によるものであると主張していることは、私も承知している。しかし私は、スミス大佐の説にはまったく賛成できない。がっしりしたベルギー産の荷役馬、小柄なウェルシュポニー、脚の短いコッブ、脚の長いカチワー等々、世界のかけ離れた地域にすむこれほど特異な特徴をもつ品種のすべてにスミス大佐の説を適用すべきではない。

ウマ属の複数の種を交雑させた場合の効果について話を戻そう。ローリンによれば、ロバとウマの交雑で生まれるふつうのラバは、脚に縞模様をもつ傾向が特に顕著であるという。私は一度、誰が見てもシマウマの子としか思えないほどの縞模様が脚にあるラバを見たことがある。W・C・マーティン氏は、ウマを論じた名著の中で、私が見たラバとよく似たラバの絵を紹介している。私が見たのは、ロバとシマウマの雑種を描いた四枚のカラー図版だが、体のなかでは脚の縞模様が特にはっきりしていた。そのうちの一頭は、肩に二重の縞模様があった。栗毛の牝馬とクアッガの雄との交配によって生まれたモレトン卿の有名な雑種でも脚の縞模様が顕著だった。しかもその雑種だけでなく、その後に同じ牝馬と青毛のアラブの牡馬《ぼば》という純粋なウマどうしの交配で生まれた子ウマですら、純粋なクアッガよりも脚の縞模様が明瞭だった。

　最後のもう一つの顕著な例はグレイ博士の図版にある、ロバとアジアノロバとの雑種である（グレイ博士はもう一つ別の例も知っているとの情報を寄せてくれた）。一般にロバの脚に縞模様があることはめったになく、アジアノロバでは脚の縞模様は皆無であり、肩の縞模様もない。ところがその雑種は四本の脚すべてに縞模様があり、肩にも、河原毛のウェルシュポニーと同じような三本の短い縞模様があり、顔の側面にもシマウマと同じような縞模様が何本かあった。この最後の事実に関して私は、色のついた縞一本ですら偶然と呼べる作用によって生じることはないと確信している。そこで、ロバとアジアノロバとの雑種の顔に縞模様が出現したという事実にからんで、プール大佐に質問を投げかけてみた。そのような顔面の縞模様が、顕著な縞模様をもつカチワー種のウマで生じた例はあるかどうかを尋ねてみたのだ。その回答は、すでに紹介したように肯定的なものだった。

こうした事実から何が言えるだろうか。ウマ属のきわめて異なる種が、単純な変異によって脚にシマウマのような縞模様をもったり、肩にロバのような縞模様をもったりすることがわかった。ウマでは、河原毛——ウマ属の他の種の一般的な色合いに近い色——が現れる場合にはこの傾向が顕著であることがわかる。その場合、縞模様が出現したからといって、それに伴って形態上の他の変化や何らかの新しい特徴が出現するわけではない。縞模様をもつという傾向は、著しく異なる種間の雑種で最も顕著に現れることがわかる。

では、ハトの品種ではどうか見てみよう。飼いバトの品種は、翼帯その他の特徴をもつ青灰色のカワラバト（二、三種類の亜種ないし地理的品種を含む）を原種としている。どの飼育品種でも、単純な変異によって青っぽい羽色を帯びた場合には、必ずカワラバトと同じ特徴も出現するが、それ以外の形態上、形質上の変化は伴わない。さまざまな羽色をもつ古い純系の品種を交雑させると、やはり雑種個体には青っぽい色合いや翼帯など、カワラバトと同じ特徴が再現される傾向が強い。

祖先型の形質が再現されることの説明として最も説得力があるのは、すでに述べたように、長く失われていた形質が生じる傾向はどの世代の子どもにも存在しており、その傾向は、原因は不明だがときどき現れるというものだ。すでに見たように、ウマ属の多くの種では、おとなのウマよりも子ウマのほうが縞模様が明瞭に現れたり、頻繁に現れる。飼いバトの品種には、すでに何世紀にもわたって純系が保たれているものがあり、それらを種と呼ぶとすれば、ウマ属の種で起こることとハトの品種で起こることはまさに並行した関係にあると言ってよい。私は自信をもって何百万世代も昔の姿を思い描くことができる。家畜ウマの野生の原種が一種か複数かはわからない。しかし家畜ウマ、ロバ、アジアノロバ、クアッガ、シマウマなどの共通の祖先は、シマウマのような縞模様をもつが、おそらくそれ以外の点では現在の子孫たちとは大きく異なる動物だったと思われる。

ウマ属の各種は個別に創造された、と信じる人が主張しそうなことは予想できる。すなわち、個々の種に、野生状態でも飼育下でもこれほど頻繁に同じ属の他の種と同じような縞模様が現れるのは、こういう特定の仕方で変異する傾向をもつように創造されているためであると言うに違いない。そして、個々の種は、世界の遠く離れた場所にすむ種と交雑すると、自分の親と同じ毛色ではなく、同属の他種と同じ縞模様に似た雑種を生む強い傾向を示すように創造されているのだとも。私から見れば、この意見を受け入れるのは、非現実的な原因、あるいは少なくとも未知の原因を受け入れるために、真の原因を拒絶することである。それは、神の御業を単なる模倣や欺きにしてしまうことだ。それくらいならむしろ、昔の無知な宇宙創成論者たちのように、貝の化石はかつて生きていた貝の遺骸ではなく、現代の海に生息する貝を模倣した石が創造されたものだと信じるほうがましである。

まとめ

要約——変異の法則はまったくわかっていない。子どもの体のこちらの部位やあちらの部位が親の同じ部位といささか異なっている理由がわかるようなケースは一〇〇に一つもないのだ。しかし比較する手段がある場合は常に、同じ種の変種間の小さな差異を生じさせたのも、同じ属の別種間の大きな差異を生じさせたのも、同じ法則が作用した結果であるように思われる。

気候や食物といった外的な生活条件もいくらかの変更を誘発しているように見える。しかしそれよりは、習性によって体質の違いが生じたり、使用によって器官が強化されたり、不用によって器官が弱体化して縮小させられたりという作用のほうが大きいように思える。

相同な部位は同じ仕方で変化する傾向があり、相同な部位は結合する傾向がある。硬い部位や体の外部に起きた変化は、柔らかい部位や体内の部位に影響を及ぼすこともある。一つの部位が大きく発達する際には、おそらく隣接する部位から養分を奪う傾向がある。また、その形成にまわすべき養分を節約しても体に害のない構造はすべて、節約の対象となる。成長初期の時点で構造に起きた変化は、一般に、それ以降の成長で発達する部位に影響を及ぼす。それ以外にも成長の相関作用はたくさん存在しているのだが、その本質についてはまったくわかっていない。

反復されている部位は、その数と構造が変異しやすい。おそらくそれは、そのような部位は何らかの特定の機能に厳密に特殊化していないため、変化するに際して自然淘汰の精査を受けないからだろう。自然の序列の下位に位置する生物のほうが、序列の上位に位置し、体のつくり全体がより特殊化している生物よりも変異しやすいのも、同じ理由だろう。痕跡器官は、使用されていないため、自然淘汰の精査を受けることがない。痕跡器官が変異しやすいのはそのためである。種に特有の形質、すなわち同じ属の複数の種が共通の祖先から枝分かれした後に差異を生じるにいたった形質は、属に特有の形質、つまり長いあいだずっと受け継がれてきた間も差異を生じなかった形質よりも変異しやすい。

ここまでの説明では、最近になってから変異するようになり、そのため差異を生じるにいたったせいで、未だに変異しつづけている特殊な部位や器官について述べてきた。しかし第2章で検討したように、これと同じ原理は個体そのものにも適用できる。それというのも、同じ属の種がたくさん生息している地域というのは、それ以前にたくさんの変異が生じたことで集団の分化が盛んだったり、新種の形成が活発だった地域であり、そういう地域は概して変種、すなわち発端種がたくさん見つかる場所だからである。

二次性徴はきわめて変異しやすく、しかも同じグループに属する種間において大きく異なっている。体の中の変異しやすい部位では、同じ種の雌雄間の性的な差異、すなわち二次性徴が生じていたり、同じ属の種ごとに特有の差異が生じている場合が多い。近縁種と比べて異常な大きさや異常な形状に発達した部位や器官は、その属が生じて以来、大きな変化を被ってきたものであるに違いない。そう考えれば、その部位や器官が他の部位や器官よりも今なおはるかに変異しやすい理由を理解できる。なぜなら、変異が出現して定着するのは永続的で緩慢な過程であり、自然淘汰が、さらに変異が生じる傾向を押さえ込み、あまり変化しない状態に戻すまでには長い時間がかかるからである。

しかし、異常に発達した器官をもつ種から、たくさんの子孫が生じたとしよう。それはきわめて緩慢な過程で、とても長い時間を要したはずだとは思うが、どれほど異常に発達した器官であったとしても、その特徴は自然淘汰によってたやすく固定されたものと思われる。共通の祖先からほぼ同じ体質を遺伝し、同じ影響を受けてきた種は、もちろん相似的な変異を示す傾向があり、ときには共通祖先の何らかの形質に先祖返りすることもある。先祖返りや相似的な変異によって重要な変化が新たに生じることはないが、そのような変化が起きれば、みごとに調和のとれた自然界の多様性は増加することになる。

祖先と子孫とのあいだに見られるわずかずつの差異がそれぞれどのようにして生じるのかはわからない。しかし、個別の原因は必ず存在するはずである。地表に生息する無数の生物は、新しい構造を獲得することで互いに闘争し合い、最も適応したものが生き残る。それを可能とする構造上の重要な変更が生じるのは、個体にとって有益な差異を着実に蓄積する自然淘汰の作用なのである。

第6章　学説の難題

変化を伴う由来説の難題――移行――移行的な変種の欠如ないし稀少なこと――生活習性の移行――同種における多様な習性――類縁種とは大幅に異なる習性をもつ種――極度に完成度の高い器官――移行の手段――難題の例――自然は飛躍せず――さして重要ではない器官――器官は常に完成度が高いとは限らない――「原型の一致」の法則と「生存条件」の法則は自然淘汰説に包含される

変化を伴う由来説の難題

ここまで読み進んだ読者は、ずいぶん前から、私の学説に対してたくさんの難題を思いついたことだろう。そのなかには、今日に至ってもなお、私自身考えるたびに自説に対する自信がぐらつくほど深刻なものもある。しかし公正に見ると、難題と思えるのは見かけ上のことが多く、実際に難題といえるものでも、私の学説にとって致命的ではないように思える。

そうした難題や反論は、以下の項目に分けられそうだ。

第一に、種は移行しているとはわからないほど緩慢に少しずつ変わることで他の種から分岐したものだとしたら、移行途中の中間段階にあたる種類がいたるところで見つからないのはなぜなのか。そのような中間段階がたくさん存在するとしたら自然は混乱に満ちていそうなものなのに、現実問題として種が明確に定義できるのはなぜなのか。

第二に、たとえばコウモリのような形態と習性をもつ動物が、まったく異質な習性をもつ動物が変化することで形成されたなどということがありうるだろうか。あるいは、自然淘汰が、キリンの尻尾のような、さして重要ではないもののハエを追い払う役には立つ器官を生み出す一方で、その比類なき完璧さを未だ完全には理解できないほどすばらしい、眼のような構造を生み出せたなどと信じられるだろうか。

第三に、本能は、はたして自然淘汰の作用によって獲得され、変更されうるものなのだろうか。優れた数学者が幾何学の法則を発見するはるか前から、ミツバチは、幾何学的に見てすばらしい、あの巣房を作っていた。ミツバチのそんなすばらしい本能についてはどう説明すればよいのだろう。

第四に、種間の交雑では不稔（不妊）だったり不稔の子が生まれるのに、変種間の交雑では稔性（妊性）が損なわれないことはどのように説明できるだろうか。

まずは最初の二つについて論じることにしよう。そして本能と雑種に関しては別々の章で論じることにする。

移行種の不在

移行段階にあたる変種が見つからなかったり稀少なことについて——自然淘汰は、有益な変化を保存することによってのみ作用する。したがって個々の新しい種類は、満杯状態の土地では、競合相手となる自分よりも劣った原種や他の種類に取って代わり、やがては絶滅させてしまう。つまりすでに論じたように、絶滅と自然淘汰は連携するのだ。そういうわけで、生物種はみなそれぞれ未知の種類の子孫であるという見方をするとしたら、一般に原種も移行段階にあるすべての変種も、新しい種類の形成が完了するまさにその過程によって根絶させられる。

しかし、由来の学説によれば、移行段階の種類が数え切れないほど多く存在していたはずであり、それらが地中に数限りなく埋まっているのが見つからないのはおかしい。この疑問については、地質学の記録の不完全さを扱う章で論じるほうが好都合だろう。ここでは単に、地質学の記録は一般に考えられているほど完璧ではないというのがその答である、とだけ言っておこう。そうした記録が不完全であることの主な理由は二つある。一つは、海の深い場所に生息する生物は少ないためである。もう一つは、生物の遺骸が埋葬されて遠い未来まで保存されるには、その後に起こる巨大な崩壊に耐えられるほどの厚さで広範に広がる堆積物の中に置かれる必要があるためである。しかもそのような化石を含む堆積物が大量に堆積するのは、浅い海の底に大量の土砂が堆積し、それがゆっくりと沈降していくような場所だけである。そのような偶発的な出来事が起こるのはごくごくまれなことであり、しかも膨大な時間を空けてしか起こらない。海底が変動していないか隆起を続けているあいだ、あるいはごく少量の堆積しか起こらないあいだは、地質学上の歴史に空白が生じることになる。地殻は巨大な博物館ではあるが、自然の収集は膨大な時間を空けてなされてきたにすぎないのだ。

しかし、複数のごく近縁な種が同じ地域に生息している場合、現在でも移行段階にある種類がたくさん見つかるはずだと主張してもよいかもしれない。わかりやすい例をあげてみよう。大陸を北から南に縦断する途中では、一般にはごく近縁な種が、行く先々の土地の自然界の経済秩序の中でほぼ同じ場所を代わるがわる占めている光景に出くわす。そうした代替種、すなわち近縁種どうしは多くの場所で出合い、重なり合っている。ただしその重なり方は、一方の種がどんどん数を減らしていくと同時に、もう一方の種がどんどん数を増し、ついには完全に置き換わるというものだ。ところが、それら代替種が交じり合っている地域で二つの種を比較すると、それぞれの分布の中心地で採集した標本と同じように、細部に至るまで形態が異なっているのがふつうである。

私の学説では、それら近縁種は共通の原種の子孫にあたる。しかも、個々の種は変化を起こす過程で生息地の生活条件に適応し、自分の原種と、過去と現在をつなぐ移行段階の変種のすべてに取って代わり、根絶させているのだ。したがって現時点では、移行段階にあたる多数の変種と出合うことはできない。それらの変種は各地域にかつては存在していたはずなのだが、現在はそこの地中に化石として埋まっているかもしれないのだ。ではなぜ、生活条件が移行している中間地帯において、そのあいだを密につなぐような移行段階の変種が見つからないのだろう。私はこの難題に長らく悩まされてきた。しかし今はほぼ説明がついたと思っている。

まず第一に、現在の土地が連続しているからといって、そこが過去においても長期にわたって連続していたとは限らない。地質学の教えによれば、ほぼすべての大陸は第三紀後期においてさえ、いくつもの島に分裂していたと考えられる。そしてそれぞれの島では、中間地帯に存在する中間的な変種を生じることなく、個々の種が形成された可能性がある。地形や気候が変化した結果として現在は連続している海域も、少し前までは現在よりもはるかに不連続で一様ではない状態だったに違いないのだ。

しかし、かつてその地域は地続きではなかったと仮定するやり方で難題を切り抜けるのはもうやめにしたい。なぜなら私は、きちんと定義された多くの種は、完全に地続きの地域で形成されたと信じているからだ。とはいえ、現在は地続きだがかつてはそうでなかった地域が、新種の形成において重要な役割を演じたことに疑いを抱いているわけではない。自由に交雑しながら広い範囲を移動する動物が新種を形成するにあたっては、土地の分断は特に重要だったと思うからだ。

現在広い範囲に分布する種を調べると、広範囲に多数の個体が見つかるが、分布の境界近くでは突如として激減し、ついには消失するというパターンがふつうである。したがって、二つの代替種を隔てる中立地帯は、それぞれの種の分布の中心となる地域に比べると一般に狭い傾向がある。山を登る際に見かけるパターンも同じである。しかも、アルフォンス・ド・カンドルが観察しているように、数多く生育していた高山植物の種が突如姿を消して別の種に置き換わっていくさまは印象的である。フォーブスは同様の事実を、海底浚渫《しゅんせつ》による水深測定を行なった際に確認している。

生物の分布を決定する要素として物理的な生活条件と気候が最も重要であると考えている人たちは、気候や高度、水深などは徐々に移行しているため、分布が突如変化するという事実を聞けば驚くはずである。しかしここで、忘れてはいけないことがある。まずは、ほとんどの種は、その分布の中心地にあっても、競合種がいなければ個体数を著しく増加させるということ。しかもほぼすべての種は、他の種を捕食しているか、他の種に捕食されているかのいずれかであり、早い話、個々の生物は他の生物と間接的ないし直接的にきわめて重要なかたちで関連し合っているということを忘れてはいけないのだ。そうすれば、どこに生息する生物でも、その生息範囲は微妙に変化する物理的条件だけに依存しているわけではなく、多くはその種が依存する他種、あるいはその天敵、または競合する相手などの存在に左右されていることがわかるはずだ。そして、種はすでに明確な存在となっており（そういう存在になった経緯は別にして）、他の種へと微妙に移行しつつも交じり合うことはない。つまり個々の種の分布範囲は、他の種の分布範囲に左右されつつも明確に定められる傾向がある。さらには、分布域の境界近くでは、個々の種の個体数は減少しており、天敵や獲物の個体数が変動したり季節が変化する間に絶滅の危機にさらされやすい。このようにして、地理的分布域の境界は、さらに明確なものとなっていく。

近縁種すなわち代替種が連続した地域に生息する場合、一般にその分布様式は、それぞれ広い分布域を持ちつつも、両者の境界部にはかなり狭い中立地帯があり、そこでは両者とも急激に個体数を減少させていると考えてもよいとしよう。その場合、変種は本質的に種と変わらない存在であるから、変種にも種にも同じ規則が適用できるだろう。そして、変化しつつある種が広大な地域に適応する場合を想像するとしたら、二つの変種を二つの広い地域に適応させ、その狭い中間地帯には第三の変種を適応させねばならない。その結果、中間的な変種は狭い地域に生息するため、生息数も少なくなる。私にわかる範囲では、この規則は自然状態にある変種に実際によく当てはまる。

私は、フジツボ属（Balanus）の明白な変種間の中間的な変種で、この規則が当てはまる注目すべき例に出くわした。しかもワトソン氏、エイサ・グレイ博士、ウォラストン氏らから寄せられた情報によれば、一般に二つの種類の中間的な変種が出現している場合、その変種は橋渡しをしている二つの種類よりもはるかに数が少ないとのことだ。そこで、そうした事実と推論を信用し、二つの変種を結ぶ変種は一般にそれが結んでいる二つの変種よりも個体数が少ないと信じてもよいとしよう。そうだとしたら、中間的な変種が長期にわたって存続するはずがない理由が理解できるだろう。すなわち一般則として、中間的な変種は、それが元々橋渡しをしていた種類よりも早く根絶させられ、消滅してしまう理由が理解できるだろう。

すでに述べたように、個体数の少ない種類は個体数の多い種類よりも根絶させられる可能性が高い。しかもここで取り上げているケースでは、中間的な種類は、それがあいだを取り結んでいる二つのごく近縁な種類の侵害をきわめて受けやすい。しかしそれ以上に重要なことがある。それは、私の学説によれば二つの変種は完全な別種へと変化していくのだが、その過程では、広い地域にたくさんの個体数が生息している二つの種類のほうが、狭い中間地帯に少しの個体数しか生息していない中間的な変種よりも有利だということである。なぜならば個体数の多い種類のほうが個体数の少ないまれな種類よりも常に、自然淘汰によって選抜される有利な変異が一定期間内に出現する可能性が高いからである。その結果、生存をかけた競争では、個体数の多い種類が個体数の少ないほうの種類を打ち負かして取って代わる場合が多い。個体数の少ない種類のほうが、変異を生じて改良されるスピードが遅いからである。

第2章で述べたように、それぞれの分布域において個体数の多い種が抱えている明白な変種の数は、個体数の少ない種よりも平均すると多いことも、これと同じ原理で説明できるだろう。これを、三種類の変種を想定したヒツジの例で説明してみよう。第一の変種は広大な山岳地帯に適応している。第二の変種はそれよりも狭い丘陵地帯に適応している。第三の変種は低地の広い平原に適応している。住民はみな、同じ熱意と技量を傾けてそれぞれの家畜を選抜育種によって改良しようと努力しているとしよう。このケースでは、飼っているヒツジをすばやく改良できる可能性は、狭い中間的な丘陵地帯で少数の家畜を飼っている農家よりも、山岳地帯か平原で多数の家畜を飼っている農家のほうがはるかに高い。その結果、改良された山岳品種や平原品種が、改良の遅れている丘陵品種にじきに取って代わることだろう。そうなると、もともと個体数の多かった二つの品種どうしが近接するようになる。かつてはその狭間《はざま》にいた中間的な丘陵品種はもはやいないからである。

以上をまとめてみよう。種とはかなり明瞭に定められる存在であり、変異を続ける中間連鎖によって境界が定められないようなことはいっさいないと、私は信じている。その第一の理由は、新しい変種の形成はきわめてゆっくりとしているからである。なぜなら変化が起きる過程はきわめて緩慢であり、有利な変異がたまたま生じると同時に、一種類ないし複数の生物種が変化することで、自然界の経済秩序の中の居場所をうまく埋めるまで、自然淘汰には何もできないからである。そのような新たに出現する居場所がどうなるかは、気候の緩やかな変化や新しい居住者のたまたまの侵入などに左右されるほか、さらに重要なことに、古い居住者がゆっくりと変化して新しい種類に変わり、旧来の種類と軋轢《あつれき》が生じるかどうかに左右される。こうしたことから、どんな地域のどんなときであろうとも、ある程度永続的な小さな変異を示している種はごく少数しか見つからないはずであり、実際に現実もそうなっている。

第二の理由は、現在は連続している地域でも、かなり近年まで孤立した場所だった場合が多いにちがいないというものである。繁殖のたびに雌雄が交配し、移動範囲も広い動物グループでは特に、そういう孤立した土地を舞台に、それぞれが個別に代替種としての特徴を発達させたのではないだろうか。そういう場合は、複数の代替種とそれらの共通の原種とのあいだをつなぐ中間的な変種が、断片化された個々の土地に存在していたはずである。ところが自然淘汰が作用することで、そのような中間的な環《わ》は取って代えられ根絶したため、現時点ではもはや存在していないのだ。

　第三の理由は、完全に地続きの地域の異なる場所で複数の変種が形成されている場合、最初は中間的な変種が中間地帯で形成されたはずだが、その存続期間は一般的に短かったというものだ。なぜなら中間地帯に分布するそのような中間的な変種は、すでに述べた理由、すなわちごく近縁な代替種の実際の分布や明白な変種の分布に関する情報により、あいだをつないでいる変種よりも個体数が少ないからである。この理由だけからでも、中間的な変種は偶発的な絶滅を被りやすい。しかも自然淘汰の作用によってさらなる変化を続ける過程で、あいだをつないでいる変種によって、ほぼ間違いなく打ち負かされ、取って代わられてしまう。なにしろ相手の変種は個体数が多く、全体としてたくさんの変異を生み出すため、自然淘汰によってさらなる改良を受けて、よりいっそう優位に立つからである。

最後の理由は、私の学説が正しいとしたら、一時期だけでなくあらゆる時代において、同じグループに属するすべての種を緊密につなぐ中間的な変種が数限りなく存在したはずだというものである。しかし、すでに何度も指摘したように、まさに自然淘汰が作用することで、原種との中間的なつながりは容赦なく根絶させられていく。その結果、そういう種類がかつてたしかに存在したという証拠は化石としてしか残りえない。ところが後の章で明らかにするように、化石の記録はきわめて不完全であり断片的なものでしかない。

生活習性の移行

独特の習性と構造をもつ生物の起源と移行について――私の見解に反対する人からは、たとえば陸生の肉食獣はどのようにして水中生活へと転向できたのかという疑問が寄せられている。移行途中にあった動物はどうやって生きていられたのかというのだ。肉食獣の同じ一つのグループ内に、完全な水生動物からまったくの陸生動物まであらゆる中間段階がそろっていることはすぐにでも示せる。しかも個々の動物は生存闘争を生き抜いているのだから、それぞれみな自然界の中のそれぞれの居場所に適応した習性を獲得している。北アメリカのアメリカミンク（Mustela vison）は、足に水かきがあり、毛皮、短い脚、尾の形などの点でカワウソに似ている。夏のあいだは水に潜って魚を捕食しているが、長い冬のあいだは凍結した水辺を離れ、他のイタチ類と同じように陸上のネズミなどを捕食する。別の事例として、食虫性の四足獣はどのようにして空を飛ぶコウモリになりえたのかと問われたとしたら、なおいっそう答に窮するところだ。私はその答を持ち合わせてはいないが、こうした難題はさほど重大なものではないと思っている。

この場合も、私の立場はきわめて不利である。私が集めた多くの注目すべき事例のなかで、同じ属のごく近縁な種において習性と構造が移行した例や、同じ種のなかで多様な習性が常時ないしときおり存在する例は、一つか二つしかあげられないからだ。それでも、コウモリのような特異な例での難題を軽減するには、たくさんの事例を集めた長いリストを掲げるしか手はないだろう。

リス科を見てみよう。このグループには、わずかに扁平な尾をしたものや、サー・

J・リチャードソンが注目する、体の後部の幅が広く、脇腹の皮膚もかなりたっぷりしているものやムササビまで、細かい移行段階が見られる。ムササビは、四肢と尾の付け根あたりまで幅広の皮膚で結合されており、それがちょうどパラシュートの役割を果たして木から木へ驚くほどの距離を滑空できる。リス科のそれぞれの種類にとって、そうした構造が生息場所で役立っていることは明らかである。そのおかげで、猛禽や肉食獣から逃れられるし、食物もすばやく手に入れられるだろうし、樹上から落下する危険も減っていることは間違いないからだ。

しかしだからといって、個々のリス類の構造があらゆる自然条件下で考えられる最上のものであるということにはならない。気候や植生が変化したり、競合相手の齧歯類や新しい天敵が移住してきたり、以前からいる種類が変化したりということもある。そのような場合には、それ相応に構造を変えて改良しないかぎり、リス類のうちの少なくとも一部は数がどんどん減って絶滅してしまうことだろう。したがって、脇腹の膜が発達した個体ほど、生存に有利なおかげで保存され増殖するという自然淘汰の作用による累積効果がはたらき、ついには完全なムササビが生み出されたと考えてもさして問題はないだろう。生活条件が変化する状況下ではなおさらである。

かつては誤ってコウモリの仲間に入れられていたヒヨケザル（Galeopithecus）を見てみよう。ヒヨケザルの脇腹にはきわめて大きな飛膜があり、あごの角から尾まで広げられるだけでなく、四肢と長く伸張した指までその膜の中に取り込まれている。しかも飛膜には伸筋もそなわっている。現在、ヒヨケザルと他のキツネザル類［現在の分類では、前者は飛翼目ヒヨケザル科、後者は霊長目キツネザル科］とを結ぶ、滑空に適合した構造が徐々に実現されたような中間段階は存在しない。しかし、そのような連鎖がかつては存在したと考えてさしつかえないと思う。個々の中間段階は、あまり滑空できないリス類の場合と同様の段階を踏んで形成されたはずで、途中のどの段階の構造もその所有者にとっては有用だったはずである。さらには、飛膜でつながっているヒヨケザルの指と腕がとても長くなったのは自然淘汰の作用によってであり、飛翔器官に関するかぎり、このことがヒヨケザルをコウモリに変えることになる可能性もありえないことではないと思う。コウモリでは、翼の膜は肩の上から後肢を包んで尾まで広がっているが、それはおそらく、もともとは飛翔のためではなく、空中を滑空するために構築された装置だったことの名残りなのだろう。

もし鳥類の十数属ほどが絶滅しているか見つかっていなかったとしたら、オオフナガモ（エイトンはマイクロプテルスすなわち「小さな翼」と命名）のように飛翔ではなくただ羽ばたくためだけに翼を使う鳥や、ペンギンのように翼を水中では鰭《ひれ》として、陸上では前脚として使う鳥や、ダチョウのように翼を帆として使う鳥、キウィのように翼には何の機能もない鳥がいることなど、誰に想像できるだろう。それほど多様な翼も、それぞれの鳥が置かれている生活条件の下では役に立っているのである。何しろみな、生存闘争を生き抜かねばならないのだ。しかしだからといって、ありとあらゆる条件の下でそれが考えうる最上の構造であるとはかぎらない。今ここで触れたさまざまな段階にある翼はいずれもみな、不用になった結果としてそのような形状になったものかもしれない。したがって、それらは鳥類が完全な飛翔力を獲得するまでに自然が経た移行段階にあたると考えてはいけない。それでもこれらの翼は、少なくともいかに多様な方策が可能かを教えてくれている。

甲殻類や軟体動物など水中で呼吸をするグループには、陸上生活に適応しているものも少数ながらいる。あるいは、空を飛ぶ鳥や哺乳類もいるし、空を飛ぶ昆虫はきわめて多様なタイプがそろっているほか、かつては空を飛ぶ爬虫類もいた。それを考えると、現時点では鰭をばたつかせることでわずかだけ上昇し旋回しながら空中を遠くまで滑空するトビウオが、完璧な翼をもつ動物に変わっていたとしてもおかしくはなかった。実際にそうなっていたとしたら、その動物が移行初期の状態では広大な海洋にすみ、われわれの知る限りその未完成な飛翔器官を捕食魚から逃れるためだけに使用していたと、誰が想像できるだろう。

鳥の飛翔用の翼のように、ある特定の習性にとってきわめて完成度の高い構造について考える際に心にとめておくべきことがある。それは、その構造の移行初期にあった動物が現在まで生き残っていることはめったにないということだ。なぜならそのような動物は、自然淘汰の作用が完璧な構造を完成させる過程で取って代わられてしまう定めにあるからである。それに、大きく異なる生活習性への移行段階にあたる中間的な種類が、未完成の状態でたくさんいたはずはないと結論してもよいだろう。そこで仮想的なトビウオの例に話を戻そう。陸上や海中においてさまざまな方法でさまざまな獲物を捕るために、さまざまな劣った種類を経由することでついにほんとうに空を飛べる魚が出現し、生存闘争において他の動物よりも圧倒的優位に立つにいたるということは、およそありそうにないことである。そういうわけで、移行段階の構造をもつ種を化石として発見する可能性は、常に小さいことになる。そのような種類は、構造が十分に発達した種の場合よりも生息数が少なかったからである。

同じ種の個体で習性が多様化している例と変化している例を二、三紹介しておこう。いずれの場合にしても自然淘汰が、動物の形態を変化させることで、変化した習性、あるいはいくつかの異なる習性のうちの一つだけに動物を適合させるのはたやすいことだろう。しかし、一般に最初に変わるのは習性であって形態はその後なのか、あるいは形態のわずかな変化が先に起きてから習性の変化が起こるのかどうかを言い当てるのは困難だし、重要なことではない。おそらくは両方がほぼ同時に変化する場合が多いのだろう。

習性が変化する例としては、今や外来植物を食べたり人工物しか食べなくなったイギリスの昆虫がたくさんいることをあげれば十分だろう。一方、多様化した習性に関する例は数え切れないほどある。私は南アメリカで、キバラオオタイランチョウ（Saurophagus sulphuratus）がチョウゲンボウのようにそこかしこで停空飛翔［羽ばたきながら空中の一点で停止する飛び方］をしている光景や、水辺にじっととまっていたと思ったらカワセミのように魚めがけて水に飛び込む光景をよく見かけた。イギリスではシジュウカラ（Parus major）がキバシリのように木の幹をよじ登る光景を見かける。

シジュウカラは、まるでモズのように自分よりも小さな鳥の頭に一撃を加えて殺してしまうことも多い。さらにはやはりシジュウカラが、枝の上でゴジュウカラのようにセイヨウイチイの実をくちばしでこつこつとつついて割って食べる音や光景を何度も見聞きしている。北アメリカではクロクマがクジラのように口を大きく開けたまま何時間も泳ぎ回り、水中で昆虫を捕まえるのをハーンが目撃している。ならば極端な話、水生昆虫の供給が安定していて、水生昆虫にもっとうまく適応した競合相手が同じ地域にいないとしたらどうだろう。そのような状況で、クマの一品種が自然淘汰の作用によって体の構造と習性をどんどん水生動物向きにし、口もどんどん大きくなって、ついにはクジラほどもある巨大な動物になったと考えられなくもない。

同じ種の個体とも、同じ属の別種の個体とも大きく異なる習性をもつ個体をときどき見かける。そのような場合、私の学説によれば、そのような個体が、異様な習性を発達させると同時にもとのタイプからかなり変化した構造も発達させた新種を生むこともありうるだろう。実際、そのような例は自然界でも起こっている。キツツキが木の幹をよじ登り、樹皮の隙間に潜む虫をつついて捕らえる行動ほどみごとな適応の例は少ない。ところが北アメリカには主に木の実を食べるキツツキがいるかと思えば、長い翼をもち、空中で昆虫を捕らえるキツツキもいる。樹木の生えていないラ・プラタの平原には、体つきはもちろん、羽色や錆び付いた鳴き声、波状の飛び方まで、イギリスのキツツキとの近縁関係は明らかであるにもかかわらず、木の幹はいっさいよじ登らないキツツキがいる。

ウミツバメは海鳥であるのに遊泳はせず、際だって空中生活性の強い鳥である。ところが、ティエラ・デル・フエゴの波静かな海峡にいるモグリウミツバメ（Puffinuria berardi）は、全般的な習性、驚異の潜水能力、遊泳法、たまに飛び立ったときの飛び方など、ウミガラスやカイツブリと見誤らんばかりである。それでもその鳥の本質はウミツバメであり、体のつくりの多くの部分が著しく変化したものなのだ。一方、カワガラスの死体を詳しく調べれば、それが半水生生活をしているとは考えられない。ところが陸生のツグミ類の異様な仲間［現在はツグミ類ではなくカワガラス科という独立したグループに分類されている］であるこの鳥は、完全に潜水しながら採食している。足で小石をつかみ、翼を使って水中を泳ぐのだ。

すべての生物は現在の姿で創造されたと信じる者にとって、習性と構造がまったく一致していない動物の存在は驚きだろう。カモやガンの水かきが泳ぐための構造であることほど明白なことはない。ところが、高地に生息し、水かきがあるのに水辺にはまったく、あるいはめったに近づかないガンがいるし、四本の指すべてに水かきのあるグンカンドリが海に着水するのを目撃した者は、鳥類学者で画家でもあるオーデュボン以外にはいない。一方、カイツブリやオオバンはどう見ても水鳥だが、あしゆびには幅広の膜があるだけで水かきはない。渉禽《しょうきん》類の長いあしゆびは、明らかに沼地や水草の上を歩くためのものだが、長いあしゆびを持つバンはオオバンに劣らないほど泳ぎがうまい。クイナは水辺の鳥だが、ウズラクイナはウズラやヤマウズラと変わらないほど陸上の鳥である。そのほかにもたくさんの例をあげられるが、それらの動物では習性の変化に形態の変化が対応していない。高地にすむガンの水かきについては、形態ではなく機能が痕跡的になったという言い方ができる。グンカンドリのあしゆびにある深くえぐられたような膜は、形態が変化し始めた兆しである。

無数に存在する生物は個々別々に創造されたと信じている者は、こういう例を指して、創造主はあるタイプの生物を別のタイプの生物で置き換えることを楽しんだのだと言うかもしれない。だがそれは、単にもっともらしく言い換えているにすぎないように思える。生存闘争の存在と自然淘汰の原理を信じる者ならば、あらゆる生物は数を増やすために必死であることを認めるだろう。さらには、習性や形態を少しでも変化させることで同じ土地にすむ他の生物よりも優位に立つ生物は、相手の居場所を、たとえそこが自分が占めていた場所とは異なるものであっても乗っ取ってしまうことだろう。そう考える者にとって、水かきをもつガンやグンカンドリが乾いた陸上にすんでいたり、水面にはめったに降りないとしても、何ら驚きではないだろう。あるいは、あしゆびの長いウズラクイナが沼地ではなく草地にすんでいたり、樹木の生えていない土地にすむキツツキがいたり、潜水するツグミがいたり、ウミガラスのような習性をもつウミツバメがいても驚きはしないだろう。

完璧な器官

極度に完成度が高く複雑な器官——異なる距離に焦点を合わせ、さまざまな光量に対応し、球面収差や色収差も補整するための巧妙な仕掛けを備えた眼が自然淘汰によって形成されたという想定は、率直に言ってしまうと、この上なく非常識なことに思える。しかし仮に、完璧で複雑な眼からきわめて不完全で単純な眼まで数え切れないほどの細かい段階が存在し、どの段階でもその所有者にとっては有用な器官であることが証明できるとすればどうだろう。さらには、眼の変異のしかたはきわめて微少であり、その変異は、現実にそうであるように、遺伝するとしよう。また、眼という器官に生じる変異や変化が、生活条件が変化したことで生存に有利になるとしよう。そうだとしたら、完璧で複雑な眼が自然淘汰の作用によって形成されると信じることは、想像しがたい点はあるにしても、それほど非現実的なこととは思えない。これは理性的な判断なのだ。神経はどのようにして光を感受するようになったのかという問題よりは、生命はそもそもどのようにして生じたのかという問題のほうが、はるかに重大である。しかし、いくつもの事実を踏まえると、感受性の高い神経が光も感じるようになったり、音を発生する空気の振動を感じるようになっても不思議はないと、私はあえて言いたい。

ある生物種の器官が完成度を増していく段階を探すには、その系統の祖先をたどるのがいちばんではあるが、現実問題としてそれは不可能である。そこで、同じグループに属する種で中間的な段階を探さざるをえない。まずは共通の原種から分かれた傍系の子孫にあたる種で、どのような小刻みな移行が可能なのかを探す。そして初期の子孫から、まったく、あるいはわずかしか変化していない段階の器官が保存されている可能性を探すのだ。現存する脊椎動物では、眼の構造が小刻みに移行した段階はわずかしか見つからないし、この点に関して化石種からわかることは何もない。脊椎動物という大グループで、眼の完成に至るまでの移行初期の段階が見つかるとしたら、既知の最下部の化石層よりもさらに下の層からなのだろう。

体節動物［たくさんの体節からなる環形動物と節足動物の総称］で見つかる眼の構造の移行系列の始まりは、単に色素で覆われているだけでそれ以外にはいかなる仕掛けもない視神経である。この最も単純な段階の眼から始まり、根本的に異なる二つの系統に枝分かれして眼の構造は完成度のかなり高い段階へと至るのだが、その途中にはたくさんの小刻みな移行段階が見つかる。たとえば二つの角膜があり、内側の角膜は個眼に分かれていて、それぞれの個眼の中にはレンズ状のふくらみが存在する眼をもつ甲殻類がいる。他の甲殻類の眼は、色素で覆われ、側方から光束が入らないようになっている透明な円錐体があり、その頂点は凹んでいて光を収束させる働きをしているようだ。その円錐体の下端は不完全なガラス質になっているらしい。ここではごく一部の例を手短にしか紹介できないが、現生する甲殻類の眼には多様な移行段階が見られるという事実がある。それと現生種の数は絶滅種よりも圧倒的に少ないことを思い出そう。そうすれば、単に色素に覆われ透明な膜に包まれただけの視神経という単純な装置が、自然淘汰の作用によって体節動物という大グループのメンバーが保有しているような完成度の高い視覚装置に変換されたと信じることに、さほどの困難は見あたらない（他の多くの構造とさほど違わない困難である）。

この先も本書を読み進め、とても多くの事実を説明できるのは由来の学説以外にはないことを知った読者は、さらに一歩踏み出してほしい。自然淘汰には、タカの眼のように完璧な構造を形成する力があると認めることを、たとえその中間段階は知られていないにしろ、ためらうべきではない。必ずや理性は想像力に打ち勝つ。もっとも、自然淘汰の原理の有効性をそこまで拡張する困難さを誰よりも実感している私としては、そのことに少しでもためらいを見せる人がいても驚きはしない。

眼を望遠鏡と比較したくなるのは当然のことである。望遠鏡は、人間の最高の知性が長い年月をかけて完成させた装置である。そう考えると、眼もそのような過程を経て形成されたと想像するのは自然なことだろう。しかしその推測は乱暴すぎるような気がする。創造主も人間と同じ知力を駆使したなどと想定してよいものだろうか。

眼を光学装置と比較しなければならないとしたらどうだろう。まず、透明な組織の層を装着し、その下には光を感じる神経を埋め込むと同時に、組織層のあらゆる部分の密度を連続的に少しずつ変えていく。そして密度と厚さの異なる層へと分けた上で相互の距離が異なるように設置し、個々の層の表面の形状を徐々に変えていくという手順を踏まなければならない。それだけでなく、透明な層に偶然生じるわずかな変化を精査し、さまざまな条件下で少しでも鮮明な画像を生み出す変異を注意深く選抜する力の存在を想定しなければならない。そして、新しく改良された装置はその都度何百万も量産され、より優れた装置が生み出されるまでは保存されるが、古くなった装置は破壊されていくことだろう。生きものの体では、変異がわずかな変更の原因となり、生殖がその変更をほとんど無数に殖やし、そして自然淘汰が改良されたものを的確にことごとく拾い上げる。この過程が何百万年、何千万年にもわたって、毎年たくさんの種類の何百万もの個体に関して進められるとしてみよう。生物の光学装置がそうやってガラスの光学機器よりも優れたものになっていくとは考えられないだろうか。ちょうど、創造主の御業が人間の仕事よりも勝っているように。

ごくわずかずつの変化が数多く連続的に累積することでは形成されないほど複雑な

器官が一つでも存在するとしたら、私の学説は完全に崩壊する。しかし私は、そのような例を見つけられない。移行段階が知られていない器官は、もちろんたくさんある。孤立して存在する種については特にそうである。私の学説によれば、そのような種の周辺ではたくさんの種の絶滅が起こっているからだ。あるいは、大きなグループに属する全メンバーに共通する器官に注目した場合も、その移行段階はわからない。なぜなら、その器官が最初に形成されたのははるか昔のことであり、多くのメンバーはその後で登場したからである。その器官が発達を開始した初期の移行段階を発見するには、すでに絶滅して久しい遠い過去の祖先を探さなければならないのだ。

器官の転用

ある器官について、何らかの種類の移行段階を経て形成された可能性はないと結論するには、きわめて慎重でなければならない。下等動物では、同一の器官がまったく別個の機能を同時にこなしている例をたくさんあげられる。たとえばヤゴやシマドジョウでは、消化管が呼吸、消化、排泄の三役をこなしている。ヒドラを裏返して内と外を逆にすると、もとは表皮だった部分で消化を、胃腔《いこう》で呼吸をするようになる。そのように一つの部位や器官に複数の機能がある場合、自然淘汰は、その部位や器官を一つの機能だけに特殊化することで何らかの利益が得られるとしたら、たやすくそれを実現してしまうだろう。目に見えないほど多くの段階を踏むことでその性質を完全に変えてしまうのだ。

二つの別個の器官が一つの体で同時に同じ機能をこなしている場合もある。一例として、水中に溶けている酸素を鰓《えら》で呼吸すると同時に、うきぶくろで空中の酸素を呼吸する魚がいる。そのうきぶくろには酸素を運ぶための気管もあり、たくさんの血管が走る隔壁で仕切られている。このような場合、二つの器官のうちの一方が、もう一方の助けを受けながら自分だけでその仕事をこなせるよう、器官としての完成度を高めるために変化するということがたやすく起こる。その変更が完成したなら、残るもう一方の器官は変化してまったく別の目的をこなすようになるか、完全に消滅してしまうことだろう。

この例として適切なのが魚のうきぶくろである。なぜなら、最初は浮きという機能を果たすために形成された器官が、呼吸というまったく別の機能を果たす器官に変更されることもあるという例だからである。そのほか、うきぶくろは、ある種の魚では聴覚器官の補助器官ともなっている。あるいは、そもそも聴覚器官の一部がうきぶくろの補助器官だったという説もある。しかし現時点でいずれの説が一般に受け入れられているかは寡聞にして知らない。うきぶくろが、部位としても構造としても高等な脊椎動物の肺の相同器官、すなわち「申し分なく同様の」器官である点については、すべての生理学者の意見が一致している。したがって私は、うきぶくろは自然淘汰の作用によって呼吸だけのための器官である肺に変換されたと信じることにさほどの困難を感じていない［現在の説では、最初に呼吸のために発達した器官がうきぶくろに転用されたと考えられている］。

肺をもつすべての脊椎動物は、浮くための装置であるうきぶくろを備えた、古代の原種から通常の世代交代によって生じた子孫である。今のところその原種の正体については何もわかっていないが、そういうプロトタイプ［原型］がいたことはまず疑いない。肺に関連した器官に関してはオーエン教授の興味深い研究がある。その研究から推測すると、われわれは声門を閉じるみごとな仕掛けを備えているものの、われわれが飲み込む食物や液体はみな、気管の開口部の上を通過することで肺に誤飲する危険を冒さなければならない。この奇妙な事実は、肺はもともとは呼吸のための装置ではなかったと考えれば理解できるのだ。高等な脊椎動物では、胚の頸部の側面にある裂け目と環状に走る動脈として鰓の痕跡をとどめているものの、鰓は完全に消失している。しかし、現在は完全に消失している鰓は、何か別のまったく異なる目的のために自然淘汰の作用によって徐々に作り変えられたと考えられる。環形動物がもっている鰓と胴体の鱗片は昆虫の翅や鞘翅と相同であるという、一部のナチュラリストが提唱している見解が正しいとしたら、うきぶくろから肺への転用は、遠い祖先では呼吸のために使われていた器官が飛翔器官に転用されたこととまさに同じなのである。

器官の移行を考えるに際しては、ある機能から別の機能に転用された可能性を考慮することがとても重要である。そこでもう一例をあげよう。有柄フジツボ類の皮膚には、私が抱卵帯と名づけた二本の小さな襞《ひだ》があり、内腔の中で卵が孵化するまでねばねばの分泌物によって卵を保持する役割をしている。有柄フジツボ類には鰓がなく、小さな襞も含めて体と外套腔《がいとうこう》全体の表面で呼吸をする。

一方、固着性の無柄フジツボ類に抱卵帯はなく、卵は内腔の底にばらばらの状態で抱卵される。ただし無柄フジツボ類には折り重なった大きな鰓がある。そこで、一つのグループの抱卵帯は別のグループの鰓と相同な器官であることに異論はないと思う。実際、両者のあいだには段階的な移行が見られる。そういうわけで私は、もともとは抱卵帯で、ほんのわずかだけ呼吸器官としても機能していた皮膚の小さな襞が、自然淘汰の作用によって大きさを増すと同時に粘着物の分泌腺を消失させることで、徐々に鰓に変わっていったのだろうと考えている。ところで有柄フジツボ類は無柄フジツボ類よりもはるかに多くの絶滅を被っている。そこでもしすべての有柄フジツボ類が絶滅していたとしたら、無柄フジツボ類の鰓はもともとは卵が水に流されないための器官として存在していたものだなどと、誰が想像するだろう。

段階的移行が困難に見える例

連続的な移行段階を経て形成されたような器官はいっさいないと結論するにあたっては、きわめて慎重でなければならない。それでもそのようにして形成された可能性を認めがたい重大なケースもある。そうした例については、将来の著作で詳しく検討するつもりである。

ここではいくつかきわめて重大な例を取り上げる。その一つが、形態が雄とも雌とも著しく異なる場合が多い中性の昆虫の例である。しかしそれについては次章で扱う。魚の発電器官も特にやっかいな問題である。そのような驚くべき器官がどのような段階を経て生み出されたのかは想像することはできない。しかしオーエンらが指摘しているように、発電器官の細部の構造は、ふつうの筋肉ときわめてよく似ている。しかも、エイには発電器官にきわめて類似した器官があることが、最近になって明らかにされた。そしてマッテウッチによれば、その器官は発電しないという。つまりわれわれは、いかなる種類の移行もありえないと主張するにはわかっていないことが多すぎると、素直に認めなければならないのだ。

発電器官はよりいっそう深刻なもう一つの難題を提起する。発電器官をもつ魚はほんの一〇種あまりであり、その多くは類縁がかけ離れている。一般に、同じグループの何種類ものメンバーで同じ器官が出現している場合、それも生活習性が大きく異なるメンバーの場合は特に、その器官は共通の祖先から受け継いだものと考えてよい。そしてその器官を保有していないメンバーについては、不用か自然淘汰の作用によって消失したものだと考える。しかし、もし発電器官がそれを保有した古代の祖先から受け継がれたものだとするなら、すべての電気魚は互いに特別な関係にあると予想してもよいのだろうか。ところが、かつては大半の魚が発電器官をもっていたのだが、その後変化した子孫の大半がそれを失ってしまったと信じてよい証拠など、地質学では見つかっていないのだ。

それぞれ異なる科や目に属する少数の昆虫が発光器官を保有しているが、これも同様の難題をもたらす。似たような例はほかにもある。たとえば植物では、花粉塊の粘着体が長い蕊柱《ずいちゅう》［雌しべと雄しべが合体した器官］の先に付着するという奇妙な仕掛けをもつ点で、オルキス属（Orchis）のランとトウワタ属（Asclepias）は共通している。しかしこの二つは、顕花植物としてはこの上ないほどかけ離れた属である。異質な二種が同じように見える奇妙な器官を保有しているというこれらの例では、その器官の一般的な見かけと機能は同じかもしれない。しかしよく探せば、根本的な違いが見つかる可能性があることに注目すべきだろう。

二人の人間が独自にまったく同じ発明を思いつくということがあるものだ。それと同じで、自然淘汰は、共通の祖先から遺伝した共通の構造はほとんど備えていない二種類の生物の部位に、ほぼ同じような変更を加えることがある。その際も自然淘汰は、あくまでも個々の生物の利益になるように作用しているのであり、起源は異なるがよく似た変異を拾い上げているのだ。

多くの例では現在の器官がどのような移行段階を経て今に至ったかを推測するのがきわめて難しい。それでも、絶滅した種類や未知の種類に比べ、現生する種類や既知の種類の割合はきわめて少ないことを考えると、移行段階がわかっていない器官の少なさに、むしろ私は驚いている。この点については、「自然は飛躍せず」という自然史学の古い格言のとおりである。経験豊かなナチュラリストのほとんどすべての著作がそれを裏付けている。あるいはミルヌ・エドワールの言い得て妙の発言を借りて、自然は多様性を浪費しているが革新は渋ると言い換えてもいい。創造説では、この点はどう説明するのだろう。

創造説では、生物は自然の中の適切な居場所にそれぞれ適合するように個別に創造されたと考える。ところが、多くの独立した生物の部位や器官のすべては、段階的な移行をなすように一列に並べることができる。これはなぜなのだろうか。自然はなぜ、構造から構造へと飛躍していないのだろう。自然淘汰の理論に基づけば、その理由を明快に理解できる。自然淘汰は、連続するわずかな変異を利用することでしか作用できないからだ。自然淘汰は飛躍せず、少しずつゆっくりと前進することしかできないのだ。

取るに足らない器官の謎

重要そうには見えない器官――自然淘汰は、有益な変異をもつ個体は保存し、不利な変異をもつ個体は排除するという、生と死の使い分けで作用する。ならば、変異を続ける歴代の個体を保存するに値するほど重要には見えない単純な部位は、いったいどのようにして生じたのだろう。私はそれをうまく解釈できずにいる。この問題に感じる困難さは、種類こそ大いに違うものの、眼という完璧で複雑な器官の起源に関する難題にひけをとらない。

まず第一に、どの生物についてもその営み全体に関してわかっていないことがあまりに多い。そのため、その生物にとってわずかな変更が生じることがどの程度重要なのか、あるいは重要でないのかを確言することができない。私は前章において、果実の柔毛や果肉の色といったきわめて瑣末な形質が、昆虫の攻撃を左右したり体質の違いと相関作用をもつことにより、自然淘汰の作用を受けるかもしれないという例を紹介した。キリンの尻尾は人工のハエたたきに似ている。キリンの尻尾は、ハエを追い払うという瑣末な目的を果たすために、少しずつよりよい形状へとわずかな変更を代々積み重ねた結果として現在の目的に適応したと言えるのだろうか。そんなことは、すぐには信じがたいことに思える。しかしこの場合も、断定的な態度をとることをいったん控えたほうがよい。なぜならたとえば南アメリカでは、ウシなどの動物の分布と生存は、昆虫の攻撃に対する抵抗力に完全に左右されることが知られているからだ。つまり、何らかの方法で小さな敵から自分の身を守れる個体は新しい草地に分布を広げることができ、そこで大きな利益を享受できるのだ。大型哺乳類がハエによって（まれな例を除けば）実際に殺されてしまうというわけではない。しかし、絶えずハエに悩まされることで体力を消耗させれば、病気にかかりやすくなったり、食物の乏しい時期に食べ物を見つけられなくなったり、敵に捕まりやすくなったりする。

現在はさほど重要ではない器官でも、初期の祖先にとってはきわめて重要な器官だった場合もありうる。少しずつ完成度を増していってできあがった器官が、その後あまり使われなくなったものの、ほぼそのままの状態で受け継がれてきたという場合もありうる。ただしそこでも、その構造が有害な方向に少しでも変化することがないかどうか、自然淘汰は常に監視の目を光らせているはずだ。

ほとんどの水生動物では、尾が運動器官として重要なはたらきをしている。うきぶくろが変化した器官である肺を見れば、陸生動物も水中起源であることがわかる。このことからそれら陸生動物の多くが引き続き尾を保有し、さまざまな用途に使用していることを、説明できそうだ。すなわち、水生動物で形成されて発達した尾は、その後、ハエたたき、枝などをつかむ器官、イヌなどが方向転換に用いるバランス装置など、さまざまな用途に使われるようになったのかもしれない。ただしイヌにとっても、さほどの役には立っていないようだ。その証拠に、ほんの短い尾しかないノウサギはイヌの二倍も素早く方向転換をするではないか。

第二に、実際にはさほどの重要性はなく、しかも自然淘汰とは関係のない二次的な原因によって生じた形質が、とても重要な形質と見なされている場合もありうる。ここで覚えておくべきことがいくつかある。まずは、気候や食物などが生物の基本的な構造である体制に直接的な影響を及ぼすことは少ないということ。先祖返りの法則で現れた形質もあるということ。さまざまな構造を変更する上では、成長の相関作用がきわめて重要な役割を演じるということ。そして最後は、ある程度の意志判断のできる動物の外見が性淘汰によって大幅に変更され、雄どうしの闘いで有利になったり、雌を獲得する上で有利になったりしている場合が多々あるということである。それだけではない。構造の変化が主に上記の原因か未知の原因で生じる場合、その種にとって最初はなんの利点がなくても、後にその子孫が新しい生活条件の下で新しい習性を獲得したことで、変化した構造を利用できるようになることもありうる。

この点について二、三の例をあげよう。もし緑色のキツツキだけがいて、黒やまだらのキツツキもたくさんいることが知られていないとしたらどうだろう。緑色の羽色は、木々のあいだを飛び回るキツツキにとって敵から身を隠すためのみごとな適応だろう。そう考えて当然である。そして、緑色であることは重要な形質であり、自然淘汰によって獲得されたものなのだろうと結論しかねない。しかし実際には、その羽色はまったく別の原因、おそらくは性淘汰によって獲得されたものであると、私は確信している。

マレー諸島のつる性のタケ［正しくはつる性のヤシであるトウ。第三版から「ヤシ」に修正された］は、茎の末端周辺に鋭いとげが固まって生えている。そのタケのつるは、鋭いとげでからみつくことによって高木をよじ登る。この仕掛けがこの植物にとって大いに役立っていることは間違いない。しかし、似たようなとげはつる性ではない多くの木にも生えている。したがってこのタケのとげは、最初は未知の成長の法則によって生じたものが、植物が変化を遂げてつる性になったことで活用されるようになったのかもしれない。ハゲタカの頭の皮膚が露出しているのは、一般には腐肉に頭を突っ込むことへの直接の適応と見なされている。たしかにそうかもしれないし、腐敗物がハゲタカの頭に直接的な作用を及ぼした可能性もありうる。しかし、そのような推測を行なうにあたってはきわめて慎重であるべきだ。シチメンチョウの雄は、腐肉など食べていないにもかかわらず、やはり頭の皮膚が露出しているではないか。

哺乳類の赤ん坊の頭骨に縫合があるのは、分娩を助けるためのみごとな適応であると言われている。たしかにそのおかげで分娩が助けられているし、必要不可欠なものかもしれない。しかし、卵の殻を割って誕生するだけですむ鳥の雛や爬虫類の子どもの頭骨にも縫合はある。したがって頭骨の縫合は成長の法則によって生じたもので、それが結果的に高等動物の分娩で役立つようになったものと考えられる。

重要ではないわずかな変異が生じる原因については皆目わかっていない。そのことは、国ごとに異なる家畜品種の違い、特に人為選抜がほとんど行なわれていない非文明国の品種との違いを考えればすぐにわかる。注意深い観察者たちは、湿潤な気候が毛の発育に影響し、毛と角は相関していると確信している。山地の品種と低地の品種も異なっている。山地では後ろ脚で踏ん張る機会が多いことの影響が出るだろうし、骨盤の形状にも影響が出そうだ。そして相同変異の法則により、前脚と頭にも影響が及ぶことだろう。骨盤の形状が子宮内の胎児を圧迫して頭部の形状に影響を与えるということも、あるかもしれない。高地では、呼吸に負担がかかるせいで胸が発達すると信じてよい。そうなれば、そこでも相関作用の法則がはたらくことになる。

さまざまな土地の未開人に飼われている家畜は、自ら生存をかけた闘争をしなければならない場合も多く、ある程度は自然淘汰にさらされることだろう。そして気候が異なれば、そこでいちばんの成功を収める個体の体質もわずかながら異なってくる。体質と体色は相関すると信じてよい。ある鋭い観察家の言によれば、ウシがハエの攻撃をうけやすいかどうかは体色と関係があり、ある種の植物で中毒を起こしやすいかどうかも体色と関係があるという。そうなると、体色も自然淘汰が作用する対象となる。

しかし、変異に関する既知の法則と未知の法則のうち、どれがどれよりも重要かといったことについて推測を巡らすには、わかっていないことが多すぎる。それなのにこういう言い方をした理由を説明しよう。まずは、家畜品種の形質の違いはふつうの生殖で生じたと一般に認められているにもかかわらず、その違いはなぜ存在するのか。このことすら説明できないのに、種間においてわずかな相似的差異が生じる正確な原因がわかっていないことを過大視すべきではない。私はそう言いたかったのだ。あるいは、人種間に見られる著しい差異を例としてあげてもよかったかもしれない。人種間に存在する差異の起源については、主に特別な種類の性淘汰が作用した結果であると説明することで、いささかの光明を見出すことができると考えている。ただしここではそれについて詳細に論じることができない以上、そんなばかなと思われてもしかたないだろう。

完璧とはかぎらない器官や習性

ここまで私が述べてきたこととの関連で、最近幾人かのナチュラリストから提起された反論にいくらか答えなければならない。器官の構造は、その細部まですべてが保有者の利益になるように生み出されたものだという功利主義的な論説に対し、反対論が出されているのだ。彼らは、生物が備えている構造の多くは人間にとって美しく見えるために、あるいは単に多様性を生みだすために創造されたものだと信じている。この考えが正しいとしたら、私の学説にとっては致命的である。

もっとも私とて、多くの構造がその保有者にとって直接的な役に立っていないことは十分に承知している。物理的な条件のせいで、構造が獲得している利益とはまったく関係なしにその構造がある程度の影響を受けた、ということもあるだろう。しかし、役に立っていない構造が獲得される上でいちばん重要な役割を演じてきたのは間違いなく成長の相関作用であり、ある部位に有益な変化が起こったことで、しばしば他の部位にも、直接的な役目をもたない、さまざまな変化が引き起こされてきたのだ。そしてまた、かつては有用だった形質や成長の相関作用、あるいは未知の原因によって過去に生じた形質が、直接の用途もないまま、先祖返りの法則によって再び出現することもある。

性淘汰がもたらした結果については、それが雌を引きつけるために美しさを誇示する形質の変化であれば、かなりのこじつけではあるが、有用な変化であると言える。

しかしそれ以上にはるかに重要なのは、どの生物でも、体のつくりの主要な部分は単純に遺伝によって決められているということである。そしてその結果として、個々の生物は、それぞれが自然界で占めている居場所にうまく適合しつつも、現在の個々の種の生活習性とは直接関係のない構造もたくさん保有しているということが重要なのだ。たとえば、高地にすむガンや水面に降りないグンカンドリのみずかきが、それらの鳥に役立っているとはとても思えない。あるいは、サルの腕、ウマの前脚、コウモリの翼、アザラシの鰭にある同じ骨が、それぞれの動物で特殊な役割を演じているとは思えない。それらの骨は、遺伝によって授かったものと考えるのが無難だろう。しかし高地にすむガンやグンカンドリの祖先にとって、みずかきのある足は、現在のほとんどの水鳥にとってと同じように、間違いなく有用な器官だった。同じく、アザラシの祖先には、鰭はなく、歩行あるいは物をつかむための五本指のある足があったと信じてよいだろう。

さらに論を進めることもできる。すなわちサルやウマやコウモリの四肢を構成する骨は共通の祖先から遺伝によって受け継いだものだが、その祖先あるいはそのまた祖先では、多様な生活習性をもつ現在の子孫の場合よりももっと特殊な用途にあてられていたかもしれない。そしてあえて言うなら、それらの骨は自然淘汰の作用によって獲得されたものであり、かつては現在と同じ遺伝の法則や先祖返りの法則、成長の相関作用といった法則に従っていたと考えてさしつかえないだろう。したがってあらゆる現生生物の構造は、その細部におけるまで、祖先にとって特別な用途を果たしていたか、現在のその子孫において特別な用途を果たしているかのいずれかであると考えられる。しかもいずれにおいても成長の複雑な法則の影響を、直接ないし間接的に受けているのだ（物理的条件の直接作用も多少はありうる）。

自然界では、一つの種が別種の構造を利用したり、それから利益を受けたりということがひっきりなしに起きている。しかし自然淘汰の作用により、ある種の利益になるためだけに別の種で変更が生じるということはありえない。ただし自然淘汰の作用が、他種に直接的な害を及ぼす構造を生じさせるということはありえるし、現にたくさん生じている。たとえば毒ヘビの毒牙、生きた昆虫の体に卵を産みつけるためのヒメバチの産卵管などがそうだ。もし、ほかの種の利益になるためだけに形成された生物の構造が見つかったならば、私の学説は瓦解する。そのようなものが自然淘汰の作用で生み出されるはずがないからである。自然史学の文献には、ほかの種の利益になっているだけの構造に関する記述が多数見つかるが、考慮に値するような例は一つも見あたらない。ガラガラヘビの毒牙は自分の身を守るためと獲物を仕留めるための構造である。このことについて異論はない。しかし一部の著者は、ガラガラヘビがガラガラを備えているのは、獲物に警告して逃がすことで自分が損をするためだと書いている。そうだとしたら、ネズミに飛びかかろうとするネコがしっぽの先を曲げるのは、不運なネズミに警告を与えるためだと言っても差し支えないことになる。しかしここでは、この問題にこれ以上踏み込んでいる余裕はない。

自然淘汰の作用によって、その生物自身に損害を及ぼすようなものが生じることはない。自然淘汰は個々の生物の利益によってのみ、その利益のためにのみ作用するからである。自然神学者のペイリーが述べているように、所有者に苦痛をもたらすことを目的とした器官や、所有者に損害を与えるための器官が形成されることはない。個々の部位がもたらす利益と損害を公正に均《なら》せば、全体としては必ず利益が勝るはずである。時が経過し、生活条件が変化して害をもたらす部分が生じたならば、変更が加えられるはずだ。変更できない場合、その生物は絶滅の道をたどることになる。現に無数の生物がそうやって絶滅してきたではないか。

個々の生物に関して自然淘汰にできるのは、同じ土地で生存闘争を交わす相手に負けない程度の完成度にするか、ごくわずかだけ完成度で勝るようにすることだけである。実際、自然界で達成されているのはその程度の完成度なのだ。たとえばニュージーランドの固有種は、いずれもみな完成度では互いにひけをとらない。ところが今や、ヨーロッパから持ち込まれた動植物の大群を前に急速に征服されつつある。

自然淘汰の作用によって絶対的な完璧さが生み出されることはないし、われわれに判断できる範囲では、自然界でそのような高度な完璧さを目にすることもない。その道の権威によれば、きわめて完成度の高い器官である眼でさえ、光の収差の補整は完璧ではないという。われわれの理性は、自然界に無数に存在する無類の仕掛けを、ともすれば絶賛しがちである。ところがその同じ理性が、一部の仕掛けは完成度が劣っていると判断したりする。しかし、完璧さに関する判断基準など最初から存在しないのだ。スズメバチやミツバチの針は、とてもではないが完璧とは思えない［後の版ではスズメバチを削除］。針に返りが付いているせいで、敵を刺すと引き抜けなくなり、自身の内臓が破れて死に至るからである。

ミツバチの針は、もともとの遠い祖先では、同じ膜翅目《まくしもく》という大グループの多くのメンバーの針と同じく、産卵場所に孔を開けるための細いのこぎりだった。それが現在の用途に不完全に転用されたのだろう。ハチの毒も、もともとは虫こぶ［昆虫の産卵などによって植物体にできるこぶ状の構造］をつくるためのものだったのに、後から毒性が強化されたのだと考えれば、針の使用がハチ自身の死を招く理由も理解できるだろう。針で刺す能力が集団全体にとって有益だとすれば、たとえそれによって一部のメンバーが死ぬことになろうとも、自然淘汰が作用するための要求をすべて満たすことになるからだ。

多くの昆虫の雄が雌を見つけるために発揮する嗅覚の鋭さは称賛に値するだろう。ところがその一方で、交尾をする以外に集団にとってはいっさい役立たずで、働き者で不妊の姉妹たちに最後は殺されてしまうミツバチの雄が何千匹も生まれることを称賛するのは難しい。女王バチは、自分の娘である若い女王バチが生まれるとすぐに殺そうとし、その闘いで逆に自分が殺されてしまうこともある。そんな野蛮な本能を称賛することは難しいが、それでも称賛すべきなのだろう。なぜならその行動は明らかに集団にとっての利益となるからだ。母性愛も、幸いなことにきわめてまれな母性の憎悪も、共にまったく同じ自然淘汰の冷酷な原理なのである。ランそのほか多くの花に見られる、花粉を昆虫に媒介してもらうための巧妙な仕掛けは称賛に値する。しかしほんの少数の花粉が風に乗って運よく胚珠までたどり着くように、濃密な雲のように花粉を撒《ま》き散らすモミの工夫《くふう》を、同じく完璧な仕組みとして称賛することには抵抗がある。

まとめ

本章の要約——本章では私の学説に対して主張されうるいくつかの難題と反論について論じた。そのなかにはきわめて重大なものも多い。しかし、生物は個別に創造されたとする説ではまったく理解できないいくつもの事実を少しは解決することができたと思う。

ここでわかったように、種はいかなる時代にあっても無限に変異するわけではなく、種と種のあいだがたくさんの中間的な移行段階で結ばれているわけでもない。その理由は、一つには自然淘汰が作用する過程は常に緩慢であり、同時にはごく少数の種類にしか作用しないことにある。また一つには、自然淘汰の作用とは、それ以前に存在する中間的な移行段階を連続的に置き換え絶滅させる過程に、ほぼ等しいことにある。

現在は地続きの地域に生息しているごく近縁な種が形成されたのは、その地域が地続きではなかった時期のことであり、場所ごとの生活条件の変化も連続的ではなく断続的だった時期のはずである。地続きになっている二つの地域で二つの変種が形成される際には、その中間地帯に適合した中間的な変種が形成されている場合が多い。しかしすでにあげた理由により、中間的な変種はそれがつなぐ二つの種類よりも一般に生息数が少ない。その結果、後者の二つの種類がその後も変化を続けるなかで、中間的な変種は生息数が少ないことによる不利を被り、中間地帯を乗っ取られて絶滅させられてしまう。

本章では、安易な結論は避けるべきだということを確認した。すなわち、著しく異なる生活習性間の小刻みな移行はありえないとか、最初は空中を滑空するだけだった動物から自然淘汰の作用によってコウモリが形成されたということはありえないなどと、軽々しく結論すべきではないのだ。

そのほか、種は新しい生活条件の下でその習性を変化させることができるし、習性を多様化させてごく近縁な種類とは似ても似つかないような習性を獲得できることも理解した。このことから、どの生物もみな、生活できる場所ならばどこにでもすみつこうとすることを念頭に置きさえすれば、水かきがあるのに山の上にすむガン、樹木のない土地にすむキツツキ、潜水するツグミ、ウミガラスのような習性をもつウミツバメがどうして出現したか理解できる。

眼という完成度の高い器官が自然淘汰の作用によって形成されたと聞けば、誰もが仰天することだろう。しかしどのような器官であれ、複雑さの度合いがどの段階であったかにかかわらず所有者にとっては有益だとしたらどうだろう。生活条件が変化することを考え合わせると、段階的に移行する系列が知られていて、しかもおよそ考えられる範囲で高い完成度をもつ器官が自然淘汰の作用によって獲得されることは、論理的にありえないことではない。中間段階や移行段階の知られていない事例でも、そんなものはいっさい存在していなかったと軽々に結論すべきではない。なぜなら多くの相同器官やそれらの中間段階の存在を見れば、機能ががらりと変わることは少なくとも可能であることがわかるからだ。たとえば魚のうきぶくろは、空気呼吸をするための肺に転用されたと思われる。一つの器官で大きく異なる機能を同時にこなしていたものが一つの機能に特殊化したり、同じ機能を同時にこなしていたきわめて異なる二つの器官のうちの一方が、もう一方に助けられつつ完璧になり、それが種の移行を大いに促進したということがしばしばあったに違いないのだ。

ほとんどすべてのケースについて、われわれはあまりにも無知である。したがって、ある部位や器官を取り上げ、それはその種の繁栄にとってさほど重要ではない、自然淘汰の作用によって徐々に変わるということはありえなかったなどとは、とても主張できない。しかし確実に言えることもある。それは、成長の法則だけによって生じ、当初はその種にとってこれっぽっちも有利でなかった変更でも、子孫がさらに変化したことで有益になったものがたくさんあるということだ。あるいは、かつてはきわめて重要な部位だったものの、現在はその重要性が薄れているため、自然淘汰の作用によって獲得されたとはとても思えない部位が、そのまま保持されている場合もありうる（たとえば水生動物の尾を受け継いでいる陸生動物）。とにかく自然淘汰の作用とは、生存闘争において有益な変異を保存するのみなのだ。

ある一つの種において、他の種の利益や損害をもたらすためだけに自然淘汰が何かを生み出すということはない。一方、他の種にとってきわめて有用だったり、不可欠でさえあったり、あるいはきわめて有害な部位や器官、分泌物などが自然淘汰の作用によって生み出されることはある。ただしそれはその所有者にとって有益な場合のみである。生物の豊富な土地で自然淘汰が作用するにあたっては、居住者どうしの競争が大いに介在し、結果として完璧な構造や生存闘争上の強さがもたらされる。しかしあくまでもそれは、その土地の事情に沿ったものである。そのため、一般に狭い土地の居住者は、もっと広い別の土地の居住者に打ち負かされるということがしばしば起こるはずであり、実際にそうである。なぜなら、広い土地にはたくさんの個体が生息しており、種類も多様で競争も激しく、構造や行動の完成度も高いはずだからである。自然淘汰の作用は、必ずしも絶対的な完璧さを生むものではない。それどころか、われわれの限られた知見の及ぶ範囲では、絶対的な完璧さなどどこにも見つからない。

自然淘汰説に基づけば、「自然は飛躍せず」という自然史学の古い格言の完全な意味をはっきりと理解できる。この格言は、現在の世界の居住者だけを見れば必ずしも正しくはない。しかし過去の居住者すべてを含めれば、私の学説により、完全に正しいことになる。

すべての生物が「原型の一致」と「生存条件」という二つの大法則によって形成されていることは、一般に異論がない。原型の一致とは、生物の構造は根本的なところで一致しているという意味であり、生活条件の違いとはまったく関係なく、同じグループに属する生物で認められる法則である。私の学説によれば、原型の一致は出自の一致ということで説明がつく。

高名なキュヴィエが頻繁に強調した生存条件という表現の意味は、自然淘汰の原理によって完全に説明できる。なぜなら自然淘汰とは、生存している個々の生物の変異する部位を生物的な生活条件と物理的な生活条件に適応させたり、過去の長期にわたって適応させることで作用する原理だからである。しかも適応を遂げるにあたっては、用不用の作用の助けを借りたり、外的な生活条件の直接作用の影響をいくらか被ったり、いくつもの成長の法則に必ず従わなければならない。そういうわけで、二つの大法則のうち、生存条件の法則のほうが上位にある。獲得された適応形質が遺伝していくことで、生存条件の法則は原型一致の法則を含んでいるからである。

第7章　本能

本能と習性は似ているが起源は異なる――本能の段階的変更――アブラムシとアリ――本能の変異――飼い馴らされた本能とその起源――カッコウ、レア、寄生性ハナバチの本能――奴隷を狩るアリ――ミツバチの造巣本能――本能に関する自然淘汰説の難題――中性で不妊の昆虫――要約

本能と習性の違い

本能についてはもっと前の章で扱う手もあった。しかしこの問題は別個に論じたほうがよいだろうというのが私の判断だった。特に、ミツバチが幾何学的に見てすばらしい巣房を造る本能は、私の学説を完全に覆すほどの難題であると考える読者が多いだろうと思っていたからである。まず最初に断っておかなければならないのは、生命そのものの起源についてはもちろん、心理的能力のそもそもの起源についても

いっさい論じるつもりはないということだ。ここで論じるのは、同じ綱に属する動物種の本能そのほか、心理的資質に見られる多様性についてのみである。

私は本能を定義するつもりもない。これはいくらでも例をあげられることだが、本能という言葉はいくつもの異なる心理的作用を指して使われている。それでも、たとえばカッコウは本能の命じるままに渡りをし、ほかの鳥の巣に卵を産むという言い方をしたときの本能の意味は、誰もが理解している。人間ならば経験を必要とするような行為を、動物が、それもとても若い個体が、いかなる経験もなしに実行する場合や、たくさんの個体がその目的も知らないまま同じやり方で実行する場合、それは本能的な行動であると言われるのがふつうである。しかし、本能を特徴づける普遍的な項目が存在しないことはすぐにわかる。ピエール・ユベールが言うように、自然の序列のきわめて下位に位置する動物でさえ、少しくらいの判断力や分別ははたらかせているからだ。

フレデリック・キュヴィエや、それ以前の形而上学者たちの幾人かは、本能を習性や習慣と比較している。そのような比較は、本能的行動がなされるときの心理についてきわめて正確な概念を与えるものではあるが、本能的行動の起源については何も提供しないだろう。無意識になされる習性的行為はじつに多い。実際には意志に反する無意識の習性的行為もまれではないわけだが、そういう行為は、意志や理性を意図してはたらかせれば変えることも可能である。習性は他の習性や、体のある一定の時期や状態などとたやすく結びつく。いったん身についた習性は、一生涯持ちつづけられることも多い。

本能と習性の類似点はほかにもある。耳になじんだ歌を繰り返し歌うように、本能の場合も特定の行動が一種のリズムのように続けて繰り出される。歌や機械的な反復行為を中断されると、習慣的な思考回路を回復するために出だしに戻らなければならなくなるのが人の習いである。

ピエール・ユベールも、とても複雑なハンモック状の巣を造る毛虫で同じことを見つけている。ユベールは、ハンモックを第六工程ともいうべきほぼ完成の域まで造り上げた毛虫を取り出し、まだ第三工程までしかできていない別のハンモックに入れてみた。するとその毛虫は造巣の第四工程、第五工程、第六工程を素直に繰り返した。ところが、たとえば第三工程まで造り終えた毛虫を第六工程まで終わっているハンモックに入れたところ、すでに大半の仕事が終わっていることを喜ぶどころか大いに困惑し、先に中断させられた第三工程から再びやり直さなければと仕事を再開した。つまりすでに終了していた仕事まで、さらに完成させようとしたのである。

仮に、習性的行動が遺伝するようになると想定しよう。ときにそういうことも起きることを示せると私は思っているが、その場合、もともとは習性だったことと本能は、区別できないほど近いものとなる。三歳のモーツァルトがびっくりするくらい少ない練習でピアノを弾けるようになったのではなく、まったく練習なしで曲を弾いたのだとしたら、本能的にピアノを弾いたのだと言い切ってもよいだろう。しかし、習性によって一世代で獲得され、次世代以降に遺伝した本能の数のほうがはるかに多いと想定するとしたら、たいへんな過ちを犯すことになるだろう。ミツバチの本能や多くのアリの本能など、われわれが知っている最高に驚くべき本能がそのようにして獲得されたはずがないことは、明確に示せるからだ。

本能の段階的変更

現在の生活条件の下で、本能が身体構造と同じくらい重要である点についてはそれほど異論がないだろう。生活条件が変われば、本能に起きたいくらかの変更がその種にとって有利となる可能性はある。そして本能はわずかなりとも変わりうることを証明できるとしたら、自然淘汰の作用が本能の変異を、それが利益をもたらす限りは保存し蓄積しつづけても不思議はない。きわめて複雑で驚くべき本能は、いずれもみなそのようにして生じたと私は信じている。身体構造の変化は、使用されること、すなわち習性によって生じて増大し、使用されなくなることで縮小したり消失したりする。本能の場合も同じであることは疑いないと思う。しかしそれと同時に、習性の影響は、本能に偶発的に生じたと言ってよい変異に対する自然淘汰の影響に比べれば劣るだろうと考えられる。ここで言う本能に偶発的に生じる変異とは、身体構造のわずかな逸脱を生むのと同じく、未知の原因によるものを指す。

自然淘汰の作用によって複雑な本能が生み出されるのは、利益をもたらす多数の些細な変異がゆっくりと少しずつ蓄積される場合だけである。したがって身体構造の場合と同じで、複雑な本能が獲得されてきた実際の移行段階を自然界で探そうとしてもむだである。そのような移行段階は、個々の種の直系の祖先でしか見つからないからである。そのような移行段階を教えてくれるような証拠は、傍系の子孫で探すべきなのだ。その証拠か、ある種の段階を踏んだ可能性があることくらいは、ともかくも証明できるはずであり、実際にそれは可能である。

動物の本能についていては、ヨーロッパと北アメリカ以外の地域ではほとんど観察されておらず、しかも絶滅した種の本能は知りようがない。ところがそれにもかかわらず、きわめて複雑な本能へと至る段階がこれほどあまねく見つかることに、私は驚いている。「自然は飛躍せず」という格言は、身体構造だけでなく、本能にもほぼ同様に当てはまるのだ。本能の変化が促進されやすいのは、同じ種なのに異なる本能を一生涯のうちの異なる時期、一年のうちの異なる季節、あるいは異なる環境に置かれたときなどに発揮するような種かもしれない。そのうちのどれか一つの本能が自然淘汰の作用によって保存されていくかもしれないからだ。実際に自然界では、同じ種なのにそのように多様な本能をもつ例が見つかる。

アブラムシとアリの関係

これもやはり身体構造の場合と同じで、しかも私の学説に合致することだが、個々の種の本能が有利にはたらくのはその種にとってであって、われわれに判断できる範囲では、他種の利益のためだけに生じるものではない。一見すると他種の利益にしかならないように見える行為をする動物のうちで私の知るいちばんの例は、アリのために甘い分泌液を出すアブラムシだろう。それが無償の行為に見えることは、次のような事実を見れば明らかである。

私はギシギシについている十数匹のアブラムシの集団からアリをすべて取り除き、その状態を何時間か維持してみた。私は、その間にアブラムシは甘い液を分泌したくなるだろうと予想していた。しかし、虫眼鏡も使って観察したのだが、一匹も分泌していなかった。そこで一本の毛髪で、アリが触覚でやる仕草を精一杯まねてアブラムシをくすぐったりなでたりしてみたのだが、やはり分泌しようとはしなかった。そこで一匹のアリに接近を許したところ、まるでお宝の山がいることをたちまち察知したかのごとく走り回り、触覚で次々とアブラムシの腹をなで始めた。すると、触覚に触れられたことに気づいたアブラムシは、ただちに尻をもちあげて透明な甘露の滴を分泌し、アリはそれを飲み尽くした。とても若いアブラムシまでその行動をとったことから、それは本能的な行動であり、経験によるものではないことは明らかである。しかしその分泌物はとても粘着性が強いので、アブラムシにとっては取り去ってもらったほうが助かるのかもしれない。そうだとするとアブラムシはただアリの利益のためだけに本能的に分泌しているわけではないことになる。

私は、この世に他種の個体の利益のためだけに行動する動物がいるとは思っていない。しかし、個々の種は他種の身体構造の弱みにつけ込もうとするように、他種の本能を利用しようと躍起になっている。そのためやはり、少数の例では完璧とは見なせない本能もある。しかしそうした点の詳細についてはどうしても述べねばならないほど重要なものではないので、ここでは省略してもよいだろう。

本能の変異

自然状態では本能にもある程度の変異があり、その変異は遺伝することが、自然淘汰が作用する上では不可欠である。したがってできるだけ多くの例を紹介すべきなのだが、ページ数の関係でそれはできない。単に、本能は間違いなく変異するとだけ主張しておこう。たとえば「渡り」の本能がそうだ。渡る方向も距離も変異するし、完全に渡りをしなくなることもある。鳥の巣の場合もそうだ。選ばれた場所や生息する土地の特質や気温などによっても変異するし、変異した原因がまったくわからない場合も多い。

オーデュボンは、同じ種なのに合衆国の北部と南部で巣の構造が著しく異なる例をいくつかあげている。特定の天敵に対する恐怖は、巣の中にいる巣立ち前の雛を見てわかるようにまちがいなく本能的なものだが、自分自身の経験や他の動物が同じ敵を恐れるのを見ることで強められもする。しかしすでに述べたように、無人島にすむさまざまな動物は、人間に対する恐怖心をゆっくりと獲得する。イングランドでさえ、そうした例をあげることができる。それは、小鳥よりも大型の鳥のほうがはるかに人を恐れるという事実である。これについては、イングランドでは大型の鳥のほうが人間に迫害されてきたことが原因であると言い切れるだろう。その証拠に、人のいない島では大型の鳥も小鳥のように人を恐れない。イングランドではとても臆病なカササギが、ノルウェーではエジプトのズキンガラス並に人なつこいのだ。

野生状態で生まれた同種の個体でも、一般的な性質がきわめて多様であることを証明する事実はいくらでもある。一部の種でときおり奇妙な習性が生じ、それがその種にとって有利だったため、自然淘汰の作用によってまったく新しい本能として定着したと思われる例はいくつかあげられそうである。しかし、事実を詳細に述べずにこのような一般論だけを述べていたのでは、いたずらに読者の不信感を招くだけだろう。そのことは、私も十分に承知している。有力な証拠もなしに語ることは厳に戒めるつもりだとだけ、繰り返し述べておこう。

飼い馴らされた本能とその起源

いくつか家畜の事例についてほんの少し考えるだけでも、自然状態で本能に変異が生じ、それが遺伝している可能性は大きくなるだろうし、その蓋然《がいぜん》性までも高まることだろう。たとえば、習性やいわゆる偶発的な変異の選抜によって家畜の性格がどれほど変えられたかを調べることも可能だろう。ある精神状態や時期と関連しているあらゆる程度の気質や好み、あるいはとんでもなく奇妙な癖などが遺伝することに関して、一見奇妙だが信頼のおける例はたくさんあげられる。ただしここでは、おなじみの犬種の例をあげるのがよいだろう。

ポインターの幼犬は、初めて野外に連れ出されたときから、獲物の居場所を教えるポイントの姿勢をとったり、他のイヌのバックアップをすることさえあるというのは疑いのない事実である（私自身、そういう場面に立ち会いびっくりしたことがある）。レトリーバーの回収《レトリーブ》行動は間違いなくある程度まで遺伝的である。牧羊犬にはヒツジの群れに向かって走ろうとはせずにその周囲を走り回る性向がある。たとえば幼犬はいっさいの経験もなしに、しかもどの個体もみなほとんど同じ行動をとるし、個々の犬種ごとに、同じ行動をその目的も自覚しないまま喜んで実行する。モンシロチョウが理由も知らずにキャベツの葉に産卵するのと同じように、ポインターの幼犬はポイント姿勢が猟の手助けになるとは知るはずもないのだ。私は、そのような行動は真の本能と本質的になんら変わるものではないと考えている。

オオカミの一種が、訓練されていない若い個体なのに獲物の臭いを嗅ぎつけるやいなや、銅像のように不動の姿勢をとり、独特の足取りでゆっくりと這い寄る光景を目にしたとしよう。あるいは、別の種類のオオカミがシカの群れにまっすぐに突っ込むのではなく、その周囲を走り回って遠くの一点に誘導するのを目にしたとしよう。その場合われわれはその行動を、迷うことなく本能と呼ぶはずである。「飼い馴らされた本能」とでもいうべきものは、たしかに天然の本能ほどには固定されていないし安定もしていない。しかし飼い馴らされた本能は、自然状態よりも変わりやすい生活条件の下でさほど厳しくはない淘汰にさらされ、比較にならないほど短期間で伝えられてきたものなのだ。

そうやって飼い馴らされた本能や習性、性質がどれほど遺伝するか、それらがいかに奇妙に混ざり合うかは、異なる犬種を交雑するとよくわかる。たとえばブルドッグと交雑したグレーハウンドは、何世代にもわたって剛胆さと頑固さの点で影響を受けたことや、グレーハウンドと交雑するとすべての牧羊犬種にウサギを狩る傾向が授けられることなどが知られている。こうした飼い馴らされた本能は、交雑によって調べると、天然の本能に類似していることがわかる。天然の本能も交雑によって奇妙な混合を示し、両親いずれかの本能の痕跡が長期にわたって現れるのだ。たとえばル・ロワは、オオカミを曾祖父にもつイヌについて、呼んだときに飼い主に向かってまっすぐに来ない点でのみ、野生の祖先の痕跡を示したと述べている。

飼い馴らされた本能については、長期にわたって強制された習性だけが遺伝するようになった行動であるという言い方がされることがあるが、私はそれは正しくないと考える。奇妙な宙返りをするタンブラー種のハトに宙返りを教えようとした者や教えられた者などいたはずがないではないか。私が目の当たりにした例では、ハトの宙返りなど見たことのない若いハトが宙返りをした。可能性として考えられるのは、あるとき一羽のハトがこの奇妙な習性を少しだけ見せる性向を示したことから始まり、いちばんみごとな宙返りをする個体を何世代にもわたって選抜することで、現在のようなタンブラー種ができたというものだ。ブレント氏から聞いた話では、グラスゴー近郊には、頭をそっくり返らせなければ五〇センチの高さも飛べない屋内飼いのタンブラーがいるそうである。

強制しなくてもポイント姿勢をとるイヌがいなかったとしたら、イヌにポイント姿勢を教えようなどとは誰も思いつかなかったのではないだろうか。実際、自発的にポイント姿勢をとるイヌはたまにいることが知られている。現に私は純粋なテリアでそれを見ている。そういう性向が最初にいったん現れたならしめたものだ。引き続く世代において丹念な選抜と強制的訓練の結果が遺伝することで、じきに完成の域に達することだろう。しかもその後も無意識の選抜が続くことになる。個々の飼い主が、品種の改良など意識しないまま、いちばんよくポイント姿勢をとって狩りをするイヌをほしがるからである。

一方、習性だけで十分な場合もある。野生のアナウサギの幼獣ほど飼い馴らしにくい動物はいない。ところが、家畜化されたアナウサギ（飼いウサギ）の幼獣ほどよく馴れる動物も珍しい。しかし私は、馴れやすいという性向が飼いウサギで選抜されたとは考えていない。極端に人に馴れない野生状態から極端な馴れやすさへの遺伝的な変化は、単純に習性と長期にわたる拘束状態のせいであると思われる。

家畜は天然の本能を失っている。その注目すべき例は、めったに、あるいはまったく卵を抱こうとはしないニワトリの品種である。家畜の心が家畜化によっていかに普遍的に、しかも大幅に変更されているかに気づきにくいのは、ひとえに見慣れているせいである。人に対する愛情がイヌの本能になっていることは疑いようがない。オオカミやキツネ、ジャッカル、ネコ属のすべての種はみな、飼い馴らされていても、ニワトリやヒツジ、ブタなどを襲おうとする。この性向は、ティエラ・デル・フエゴとかオーストラリアなど、未開人がニワトリなどの家畜を飼っていない土地から子イヌのときに連れてきたイヌも示すだけでなく、矯正不可能であることが知られている。

一方、文明国で飼われているイヌでは、たとえ子イヌでさえ、ニワトリやヒツジやブタを襲わないよう訓練する必要はまずない。もちろん、たまに他の家畜を襲うイヌもいるにはいるが、そういうイヌは厳しい罰を与えられ、それでも直らなければ処分されてしまう。つまり、遺伝によってイヌが文明化されるにあたっては、習性とある程度の選抜がいっしょに作用したのだろう。

ニワトリの雛はイヌやネコに対する恐怖心を失っている。これは完全に習性である。そうした恐怖心が本能的な性向であることは、ニワトリの雌に育てられたキジの雛でさえ明らかにイヌやネコを本能的に恐れるのと同様、本来は間違いなく本能的なものだった。ヒヨコはあらゆる恐怖心を失っているわけではない。イヌとネコに対する恐怖心だけを失っているのだ。その証拠に、雌鶏が危険を告げる鳴き声を発すると、ヒヨコたちは母親のお腹の下から走り出て、周辺の草陰や茂みに身を隠す（シチメンチョウの雛ではそれがさらに著しい）。明らかにこれは、地上で生活する野生の鳥でよく見かける行動であり、母鳥が飛んで逃げられるようにするための本能的行動なのである。ところがヒヨコが保持しているこの本能は、飼育下では無用となっている。母鳥は不用の作用のせいで飛翔力をほとんど失っているからだ。

そこで結論としては、飼い馴らされた本能が獲得され、天然の本能が失われる理由の一端は習性にあり、別の一端は人間が奇妙な心理的習性や行動を世代ごとに選抜し蓄積したことにある。ただし、そうした習性や行動がそもそも最初に出現した原因については、現状では何もわかっておらず、偶然によるとしか言いようがない。そのような心理的な変化が遺伝するようになるにあたっては、強制された習性だけで十分な場合もあった。あるいは、強制された習性の影響力は皆無で、丹念な選抜と無意識の選抜とによって達成された場合もある。しかしほとんどの場合については、おそらく習性と選抜の両方が作用した結果なのだろう。

カッコウ、レア、寄生性ハナバチの本能

自然状態において本能が自然淘汰によってどのように変更されたかを理解するには、いくつかの例を考察するのがいちばんだろう。ここでは、私が将来の著作のために用意したいくつもの例から三つだけを選ぶことにする。それは、カッコウが他の鳥の巣に托卵《たくらん》する本能、ある種のアリが奴隷狩りをする本能、ミツバチが巣房を造る本能の三つである。後の二つの本能は、知られているあらゆる本能のなかで最高の驚異とナ

チュラリストがいみじくも讃《たた》える本能である。

カッコウの托卵という本能を生んだそもそもの原因は、カッコウの雌は毎日ではなく二、三日おきに産卵することであるというのが現在の一般的な見解である。もしカッコウが自分の巣を造って自分で抱卵するとしたら、最初に産み落とした卵はしばらく抱卵しないまま放置するか、同じ巣に日齢の異なる卵と雛が同居することになる。そうなれば、最初の産卵から最後の孵化までが不都合を生じるほど長くなってしまいかねない。これは、とても早い時期に渡りをしなければならないカッコウにとってはきわめて都合の悪いことだ。しかも、最初に孵った雛への給餌は、雌はまだ抱卵中であるため、雄だけで行なうしかないだろう。アメリカカッコウ類はまさにこの苦境に置かれている。アメリカカッコウ類の雌鳥は自分で巣を造り、卵と先に孵った雛を同時に抱えているのだ。アメリカカッコウ類も、ときには他の鳥の巣に卵を産むと言われてきた。しかしこの道の権威であるブリューワー博士から聞いた話では、それは事実ではない。それでも、いろいろな種類の鳥がときに他の鳥の巣に卵を産む例はいくらでもある。

そこでヨーロッパ産のカッコウの遠い祖先はアメリカカッコウ類と同じ習性をもっ

ていたものの、ときには他の鳥の巣に産卵していたとしてみよう。もしその祖先がときおり発揮する托卵習性によって利益を得ていたとしたらどうだろう。托卵先の雌鳥の誤った母性本能から雛が受ける利益のほうが、異なる日齢の卵と雛が同居する巣で実の母親に育てられる雛の利益よりも大きいため、托卵された雛のほうが元気に育つとしたらどうだろう。そうだとしたら、その祖先あるいは里子に出された雛のほうが有利なはずである。この推論が導く結論は明らかだろう。すなわち、そのように里子として育った雛は、ときどきは他の鳥の巣に産卵するという母親の異常な習性を遺伝によって引き継ぐ傾向が強い。しかも成長した暁には自分も他の鳥の巣に産卵する傾向を示し、その結果として子どもを残すことに成功するはずである。カッコウの不思議な本能は、この素質が繰り返されることで生じる可能性があるし、実際に生じたのだと、私は信じている。あえて付け加えるなら、グレイ博士ほかの観察によれば、カッコウも自分の雛に対する母性愛と関心を完全に失っているわけではないという。

他種の巣にしろ同種の巣にしろ、ときどき他の鳥の巣に産卵する習性は、キジ目ではそれほど珍しいことではない。それに近いダチョウの類の奇妙な本能も、これで説明できるかもしれない。少なくとも南アメリカ産のレア類では、何羽かの雌がいっしょになって一つの巣に数個の卵を産み、さらに別の巣にも卵を産む。しかもそれを抱くのは雄である。この本能は、レア類の雌はたくさんの数の卵を産むという事実で説明できるかもしれない。ただしこの場合もカッコウと同じように、数日ずつの間隔を空けて産む。しかしレア類のこの本能は、まだ完全なものにはなっていない。なぜなら草原には産み散らかされた卵が驚くほどたくさん転がっているからだ。私は、放り出されてむだになった卵を一日で二〇個以上も拾い集めることができた。

多くのハナバチは寄生性で、他の種類のハナバチの巣に常習的に産卵する。この例はカッコウの例以上に注目に値する。なぜならばそのようなハナバチは、その寄生習性に合わせるために、本能だけでなく形態まで変えているからだ。なにしろ、自分の子どもが食べる食物を巣に蓄えるために必要な花粉採集装置を備えていないのだ。

同様に、アナバチ科の一部の種も他の種に寄生する。ファーブル氏によれば、トガリアナバチ（Tachytes nigra）は、ふつうは自分が掘った巣穴に麻痺させた獲物を貯蔵し、自分の幼虫の食物とするのだが、他のアナバチがすでに獲物を貯蔵した巣穴を見つけると、その獲物をそのまま利用し、臨時の寄生者になるという。この場合もカッコウの場合と同じように、たまたまの習性がその種の利益になり、巣穴と獲物を不当にも着服される昆虫がそれでも絶滅しないのであれば、自然淘汰の作用によってその行動が恒久的な習性になったということなのだろう。そう考えることに関して、私はいっさいの困難を認めない。

奴隷を狩るアリ

奴隷狩りの本能――この驚くべき本能をアマゾンアリ〈Formica〈Polyerges〉rufescens〉で初めて発見したのは、著名な父よりもさらに優れた観察眼をもつピエール・ユベールである。このアリは、完全に奴隷に依存した生活を送っていることから、奴隷がいなければ確実に一年で絶滅してしまうことだろう。雄アリと妊性のある雌アリは働かない。不妊の雌である働きアリは、奴隷狩りでは勇壮活発に働くものの、それ以外の仕事はしない。自分たちの巣を造ることも、幼虫の世話もできないのだ。古い巣に不都合が生じて移動を余儀なくされた場合でも、移動を決定し、主人をあごでくわえて運ぶのは奴隷アリである。

ユベールは三〇匹のアマゾンアリを奴隷アリなしで閉じ込めることで、主人たちのふがいなさを証明した。いちばん好きな食物をたっぷりと入れ、仕事の意欲をわかせるために幼虫と蛹も入れたのに、アマゾンアリはいっさい何もしなかったのだ。自分で食べることもできずに、多くの個体が餓死したのである。そこでユベールは奴隷となる一匹のクロヤマアリ（F. fusca）を入れてみた。するとその働きアリはただちに仕事に取りかかり、生存していたアマゾンアリに食物を与えて命を救った。しかも巣室も造り、幼虫の世話をして万事整えた。きっちりと確かめられたこの事実以上に並外れた事実があるだろうか。奴隷狩りをするアリがほかにも知られていなかったとしたら、これほど驚くべき本能がどのようにして完成されたか想像することさえ困難であるに違いない。

アカヤマアリ（Formica sanguinea）が奴隷狩りをするアリであることを最初に発見したのもピエール・ユベールである。この種はイングランド南部で見つかるアリで、大英博物館のＦ・スミス氏がその習性を調べており、ここで論じている情報その他はスミス氏に負うところが大きい。私はユベールとスミス氏の記述を完全に信頼してはいたのだが、この奴隷狩りという問題には懐疑的な視点で取り組むことにした。なぜなら奴隷狩りなどという忌まわしい異常な本能が実際に存在することを疑うのは、誰にも止められないからだ。そこで私は自分自身で行なった観察をいささか詳細に述べることにする。

私は一四カ所のアカヤマアリの巣を掘ってみた。そしてどの巣でも数匹の奴隷を見つけた。奴隷にされている種の雄と妊性のある雌が見つかるのはそれら自身の巣においてだけであり、アカヤマアリの巣では見つからなかった。奴隷となるアリは黒色で、赤い色をした主人アリの半分にも満たないサイズである。したがって両者の見かけはきわめて対照的である。アカヤマアリの巣がちょっとだけ乱されると、奴隷アリがときどき顔を出し、主人のアリと同じように大騒ぎして巣を守る。もっと乱されて幼虫や蛹が露出させられると、奴隷アリは大慌てで主人といっしょに幼虫や蛹を安全な場所に連れて行く。つまり奴隷アリが自分たち自身の巣にいるつもりなのは明らかである。

私は三年間続けて六月と七月にサリーとサセックスでいくつもの巣を何時間も観察したのだが、巣に出入りする奴隷アリは一匹も見なかった。その期間、奴隷アリの個体数はきわめて少ないので、個体数が多いときとは行動が異なるのではないかと思われた。しかしスミス氏は、サリーとハンプシャーの両方で五月、六月、八月のさまざまな時間帯に巣を観察したが、個体数の多い八月でさえ、奴隷アリの出入りは認められなかったと、私に教えてくれた。そこでスミス氏は、奴隷アリは巣内労働しかしないと考えている。その一方で主人のアリたちについては、巣材やあらゆる種類の食物を巣に持ち込む姿が常に目撃されている。

ところが今年の七月、異常にたくさんの奴隷アリを抱えた巣をたまたま見つけたので観察したところ、数匹の奴隷アリが主人に混ざって巣から出てきた。そして、二三メートル離れたところに生えているヨーロッパアカマツの高木に向かって主人と同じ道を行進し、そのままいっしょに木の幹を登っていった。おそらくアブラムシかカタカイガラムシを探しに行ったのだろう。たくさんの観察を行なっているユベールによれば、スイスでは奴隷アリが主人といっしょに巣造りをするのはふつうのことで、朝夕の入り口の開け閉めも奴隷アリが単独でするという。そしてユベールは奴隷アリの主な役目はアブラムシを探すことであると明言している。イングランドとスイスで主人アリと奴隷アリの通常の習性がこのように異なるのは、おそらくスイスのほうがイングランドよりも多数の奴隷アリが捕まるせいだろう。

ある日のこと私は、幸運にも巣の引っ越しを目撃する機会を得た。まさにユベールが記述しているように、主人アリが奴隷アリをあごでくわえて慎重に運ぶ光景がとてもおもしろかった。私はそれとは別の日に、同じ場所でアカヤマアリ二〇匹ほどが狩りをしている現場に出くわした。ただし食物の狩りでないことは明白だった。アカヤマアリは奴隷にするクロヤマアリの独立した集団に接近しては撃退されていた。ときにはアカヤマアリ一匹の脚に三匹ものクロヤマアリがしがみついていた。アカヤマアリは小さな相手を容赦なく殺し、その死体を食物にするために二七メートル離れた巣に持ち帰っていたが、奴隷として育てるための蛹の入手は阻まれた。そこで私は別の巣からクロヤマアリの蛹一塊を掘り出し、戦場近くの露出した地面に置いてみた。すると暴君どもは大慌てで蛹をくわえて運び去った。結果として連中は、先の戦いでは自分たちが勝利したと思い込んだことだろう。

それと同時に同じ場所に別の種であるキイロケアリ（F. flava）の蛹一塊を、まだ巣材にしがみついている成虫数匹といっしょに置いてみた。キイロケアリもまれではあるがたまに奴隷にされることがあると、スミス氏は記述している。しかしキイロケアリは小型であるにもかかわらずとても攻撃的で、私は他のアリを果敢に攻撃している光景を見たことがある。一度だが、奴隷狩りをするアカヤマアリの巣の下方の石の下にキイロケアリの巣を見つけて驚いたことがある。不注意にも両方の巣を刺激した結果、小さなキイロケアリが大きな隣人アカヤマアリを驚くほど果敢に攻撃した。そこで私としては、アカヤマアリが、いつも奴隷にしているクロヤマアリの蛹と、めったに捕獲しない小型ながら勇猛なキイロケアリの蛹を識別できるかどうか試したいと思った。アカヤマアリが両者の蛹をただちに見分けたのは明白だった。クロヤマアリの蛹は大慌てですぐにくわえたのに対し、キイロケアリの蛹だけでなく、その巣から掘り出された土に近づいただけでもおびえてただちに走り去ったからである。しかし一五分ほどしてキイロケアリの成虫がすべてその場を離れると、勇気を出して蛹を運び去った。

ある日の夕方、アカヤマアリの別の巣を訪れたところ、たくさんのアカヤマアリがクロヤマアリの死体――つまり巣の引っ越しではない――とたくさんの蛹をくわえて巣に入っていくのを見た。戦利品を抱えた隊列を三七メートルほど逆にたどったところ、ヒースの深い茂みに行き当たり、蛹をくわえて登場したアカヤマアリの最後の一匹に出くわした。ヒースの茂みを覗いてみたが、略奪にあった巣は見つからなかった。しかし巣はそのすぐ近くにあるようだった。数匹のクロヤマアリが慌てふためいた様子で走り回り、一匹などは略奪された巣がありそうな場所の上に伸びたヒースの先で、蛹をくわえたままじっとしていたからだ。

わざわざ私が確証するまでもなかったことだが、これが奴隷狩りという驚異の本能をめぐる事実である。アカヤマアリの本能的習性がアマゾンアリのそれといかに対照的かを見てみよう。アマゾンアリは自分では巣を造らず、引っ越しの決定もせず、自分と幼虫の食物も集めず、給餌さえしない。多数の奴隷に完全に依存しているのだ。それに対してアカヤマアリは、奴隷の数ははるかに少なく、特に初夏の頃は極端に少ない。新しい巣を造るタイミングと場所を決めるのは主人であり、引っ越しの際は主人が奴隷を運ぶ。スイスでもイングランドでも、幼虫の世話は奴隷アリだけの仕事らしく、奴隷狩りには主人だけが出かける。スイスでは巣造りと巣材の持ち込みでは主人と奴隷がいっしょに働く。アブラムシの世話と「乳搾り」の仕事は主人もこなすが、主に奴隷の仕事である。つまり、主人も奴隷も巣に食物を持ち帰る。イングランドでは、巣材と集団全員分の食物を集める巣外の仕事は通常もっぱら主人だけの役割である。イングランドのアカヤマアリは、奴隷から受ける奉仕の量がスイスのアカヤマアリよりもはるかに少ない。

アカヤマアリの本能がどのような段階を経て生じたのか、推測するつもりはない。しかし、奴隷狩りをしないアリでも、巣の近くに他種の蛹が落ちていれば、それをくわえて巣に持ち帰る光景を見たことがある。したがって、食物として貯蔵した蛹が羽化してしまい、意図しないまま育てられたよそ者のアリが自分の本能に従い、できる仕事をこなすというのはありうることだ。そういうアリの存在が、蛹を持ち帰った種にとって有用だとしたら、つまり自分たちの働きアリを産むよりもよその働きアリを捕まえるほうがその種にとって利益になるとしたらどうだろう。そのような場合、食物として蛹を集めるというもともとの習性が自然淘汰の作用によって強化され、奴隷を飼うというまったく別の目的として固定されることもありうる。そういう本能がいったん獲得されてしまえば、たとえスイスのアカヤマアリに比べて奴隷から受ける奉仕が少ないイギリス産アカヤマアリの場合であっても、自然淘汰の作用がその本能を増大させて変更する。ただし、変更された本能は種にとって有用なものだとしての話である。そして最終的には、アマゾンアリのように哀れなほど奴隷に依存するようになると考えても、なんら問題はないと思う。

ミツバチの本能

ミツバチの造巣本能――ここではこの問題の詳細に立ち入るつもりはないが、私が到達した結論の概要だけは述べておきたい。よほど鈍感でないかぎり、ミツバチの巣房を見てその構造が目的にみごとにかなっていることに驚かない者はいないはずだ。数学者に言わせれば、ミツバチは深遠な数学の問題を具体的に解いている。貴重な蠟《ろう》の使用を最小限に抑えつつ、最大量の蜜を貯蔵できる形状の巣房を造っているからだ。熟練した職人が適切な道具と測定器を使用しても、この形状の巣房を蠟で正確に造ることは難しいだろうと言われている。ところがミツバチの集団は、暗い巣の中でその仕事を完璧にこなしているのだ。どのような本能を仮定したとしても、必要とする角度と面のすべてをどのように造り上げるのか、正しく仕上がっていることをミツバチがどうやって認知できるのか、にわかには信じられないかもしれない。しかしその困難さは、見た目ほど大きくはない。ミツバチが少数のごく単純な本能に従ってすべてをみごとにこなしていることは証明可能だと、私は考えている。

私がミツバチの造巣本能に興味をもったのは、ウォーターハウス氏のおかげである。氏は、巣房の形は隣接する巣房の存在と密接に関係していることを示した。以下で述べる見解は、ウォーターハウス氏の説の焼き直しにすぎないと思ってもらってもよい。

では、小刻みな移行という大原則に注目し、自然が本能の移行の仕方をわれわれに明かしているかどうかを見てみよう。短い移行系列の出発点にはマルハナバチがいる。マルハナバチは、羽化し終わった繭を蜜の貯蔵庫に使用し、ときにはそこに短い蠟の管を付け足したり、独立したいびつな円形の巣房を蠟でこしらえたりする。移行系列の終着点に位置するのが上下二重の層をもつミツバチの巣房である。よく知られているように個々の巣房は六角柱で、側面の底の端は傾斜しており、三つの菱形で構成されたピラミッド構造の底面を形成している。底面を構成する菱形はある角度をなしていて、巣盤の片側に並ぶ一つの巣房のピラミッド状をした底面を構成する三つの菱形面は、それぞれが巣盤の反対側の面に並ぶ三つの巣房の底面の一翼を担うかたちになっている。

きわめて完成度の高いミツバチの巣とマルハナバチの単純な巣とをつなぐ移行系列の中間には、ピエール・ユベールが詳しく紹介しているメキシコハリナシミツバチ

（Melipona domestica）の巣がある。ハリナシミツバチはミツバチとマルハナバチの中間的な形態をしているが、どちらかといえばマルハナバチに近い。ほぼ規則的に並んだ円柱状をした蠟製の巣房は子育て用で、やはり蠟製の大きな巣房は蜜の貯蔵用である。蜜用の巣房はほとんど同サイズのほぼ球形で、一カ所に集まって不規則な塊になっている。ここで注目すべき重要事項は、それらの巣房は常に近接して造られるため、球形にこだわれば巣房どうしの接合面が扁平になるか相手の巣房に食い込むはずだという点である。

しかし実際にはそうなっていない。球形の巣房が接する部分に蠟製の真っ平らの仕切り壁が造られるからである。その結果、個々の巣房は、外側に球形に張り出した部分と真っ平らの平面で構成されている。平面の数は、隣接する巣房の数に一致している。球形の巣房はどれもみなほぼ同じサイズなので、一個の巣房は必然的に三つの巣房と隣接している場合が多い。その場合は仕切りの平面も三つで、その三つは結合してピラミッド構造をなしている。そしてそのピラミッド構造は、ユベールが指摘しているように、ミツバチの巣房底面の三面構造のピラミッドそっくりである。しかもミツバチの巣房の場合と同じように、ハリナシミツバチの一個の蜜用巣房を構成する三つの平面は、隣接する三つの巣房の構造にも寄与している。この構造を採用することで、蠟が節約できるのは明らかである。なぜなら隣接する巣房間の平らな仕切り壁は二重ではなく一重構造であり、球状にせり出した部分と同じ厚さであり、しかも一つの仕切り壁はそれぞれ二つの巣房の側面を兼ねているからである。

この点について考えているうちに、一つの考えが浮かんだ。ハリナシミツバチが球形の巣房をある一定の間隔で配置し、しかも一定の大きさで、上下二層に対称的に並ぶように造ったとしたらどうなるだろう。できあがったものは、おそらくミツバチの巣と同じくらい完成されたものになるのではないか。そこで私はケンブリッジ大学の幾何学者ミラー教授に手紙を書き、教授から得た情報を基に書いた次の記述に目を通してもらい、完全に正しいという保証を得た。

大きさの等しいたくさんの球を、中心が二つの平行する平面上にあるように描いてみよう。それぞれの球の中心と、同じ平面上に中心があって隣接する六個の球の中心との距離は、いずれも半径×$\sqrt{2}$すなわち半径×1・41421とする（もっと短くてもよい）。また、平行する別の平面上に中心があって隣接する球の中心との距離も同じとする。すると、二つの平面の両方で互いに接するいくつもの球と球のあいだに形成される接地面は、三つの菱形で構成されるピラミッド状の底面によって接合された六角柱の二重層になる。そしてその菱形と六角柱の側面がなす角度は、ミツバチの巣房が作る角度の正確な測定値とまったく同じになるはずである。

そういうわけで、ハリナシミツバチがすでに所有している、さして驚異的ではない本能をわずかだけ変更できるとしたら、ミツバチの巣と同じくらい完成度の高いすばらしい構造の巣を造るようになるだろうと結論してさしつかえなさそうだ。ただしハリナシミツバチは、正確に球形で同じサイズの巣房を造ると想定する必要があるが、この想定はさほど驚くべきものでもない。現にほぼ球形で同サイズの巣房を造っているし、まるで固定された点のまわりで回転して空けたかのように完璧な円柱状の巣穴を木材の中に掘る昆虫はたくさんいるからである。

そのほか、ハリナシミツバチがすでに円柱状の巣房でそうしているように、巣房を水平面上に並べて造ることを想定しなければならない。その上さらに、複数の働きバチが球形の巣房を造っている場合には、何らかの方法で互いの距離を正確に判断できると想定しなければならない。実はこの想定がいちばんの難問である。しかし働きバチは、現に距離の判断をしている。球形の巣房どうしをできるだけ接合するように配置し、しかも完全な平面で接合させるということをすでに実行しているからだ。さらなる想定はさほど難しいものではない。同じ平面上で隣接する球の接合面で六角柱を造り上げたなら、その六角柱の高さを、蜜が貯蔵できるくらいの高さに伸ばさなければならない。これは、不器用なマルハナバチが古い繭の丸い口に蠟で煙突を継ぎ足すときにすでに実行していることである。このような本能それ自体は、それほどの驚異ではない。それに比べれば鳥の造巣本能のほうがまだ驚異的である。したがってこういう本能が変更されることで、ミツバチは自然淘汰の作用により、あの比類なき建築能力を獲得したのだと私は信じている。

じつは、この説は実験によって検証できる。私はテゲットマイアー氏の実験を参考に、巣盤を二つに分離し、そのあいだに厚くて長い長方形の蠟の板を入れてみた。するとと働きバチはその蠟の板にただちに小さな丸い穴を掘り始め、掘り進むと同時に穴を広げる作業にも着手し、最後は完璧な球か、球の一部に見える浅いボウル状に仕上げた。ボウルの直径は巣房一個の直径くらいだった。

いちばん興味深かったのは、複数のミツバチが近くでいっしょに穴を掘り始めたときの互いの距離の取り方だった。それは、穴が上記の幅、すなわち通常の巣房の間口と同じくらいになり、深さが造ろうとしているボウルが含まれる球の直径の六分の一くらいになった時点で、隣接するボウルどうしの縁がちょうど接合するか食い込むくらいの距離だったのだ。ボウルの縁が接合するとすぐにミツバチたちは掘るのをやめ、ボウルどうしが接合する線上に蠟で平らな壁を造り始めた。その結果、それぞれの六角柱は、通常の巣房のように三面の逆ピラミッド状をした底の上に直立して造られるのではなく、ボウル状の底をもつ穴どうしが接合した縁の上に造られることになった。

次は、厚くて細長い長方形の蠟の板の代わりに、薄っぺらで細長い蠟の畝《うね》を朱色に染めて巣箱に入れてみた。今回もミツバチは前回同様、両面からただちに小さな穴を近接して掘り始めた。しかし蠟の畝は、前回の実験と同じくらいまで掘り進んだとしたら背中合わせになっているボウルの底を両方から食い破りかねないほど薄かった。ところがミツバチは、そのような事態に至ることはせず、適切なタイミングで穴掘りを中止した。その結果、ボウルの底は少し深くなったところですぐに平らにされた。

そうやって朱色に染められた蠟の、かじられずに残された薄っぺらな小片で形成された平らな底は、見た目で判断するかぎりでは、蠟の畝の両面に空けられるはずだったボウル状の穴どうしの推定上の接合面とぴたりと一致していた。蠟の厚みが十分だったとしたら、両面のボウル間の接合面は菱形になるはずである。しかし実際に出現したのは、その菱形のごく一部だったり、もう少しだけ広い部分だったりと、場所によって違いがあった。なにぶん、いかにも不自然な状況だったため、仕事にばらつきが出てしまったのだ。本来、ボウル間の接合面で仕事をやめてそこを平面として残すためには、朱色の蠟の畝の両面からほぼ同じペースで丸い穴を掘り進める必要があったはずなのである。

薄い蠟はとてもしなやかであることを考えれば、蠟の細片の両面から穴を掘り進める中で、適度な薄さまでかじり取っていって仕事を中止すべきタイミングを測るのは、ミツバチにとってさほど難しいこととは思えない。通常の巣盤でも、いつも両面からちょうど同じペースで仕事を進められるとは思えない。それというのも、掘削が始まったばかりの巣房の底に半分だけできた菱形の面を調べたところ、片面はやや凹んでおり、反対の面は逆に出っ張った状態のものが見つかったからだ。おそらく、前者の側は掘り方が早すぎたのに対し、後者の側は遅すぎたのだろう。

そこで、出っ張りと凹みが顕著な巣盤を巣箱に戻し、短時間だけミツバチに仕事を続行させてみた。そしてもう一度取り出して調べたところ、菱形の底面が完成していた。完全に平らに仕上がっていたのだ。小さな菱形の板の薄さを考えれば、出っ張っている側をかじり取ることで平らにするのはとうてい不可能である。この場合、ミツバチたちは両側から巣房の底を押し、暖かくしなやかになった蠟を変形させることで仕切り面を平らにしたのではないかと考えられる（私もやってみたが簡単にできた）。

朱色に染めた蠟の畝を用いた実験から、次のことがわかった。すなわち、ミツバチが自力で蠟の薄い壁を造らねばならないとしたら、まず互いに適切な距離を空けて位置につく。そして、同じスピードで穴を掘り進めながら同じサイズの球状の凹みを造るよう努力し、球どうし食い破らないようにする。そうすれば、適切な形状の巣房を造れるだろう。

建造中の巣盤の縁を調べればわかることだが、ミツバチは巣の周囲にぐるりと粗雑な壁を造る。そしてその両面から巣房を掘り進むように常に丸くかじり取っていく。どの巣房でも、逆ピラミッド状の底の三面を同時に造るということはしない。特に大きくなった縁の側の菱形面一つだけか、事情が許す場合は二つを同時に造るだけである。そして、六角柱の壁の建造が始まる前に菱形盤の上端を完成させることはない。この記述は、かの高名な父ユベールの記述と一部異なっているが、私は自分の記述のほうが正しいと信じている。もしページ数が許すならば、この記述が私の学説と一致することを示せるはずである。

最初の巣房が掘られるのは両面が平行な小さな蠟壁であるというユベールの記述は、私の見るところ必ずしも正しくはない。最初の仕事は、必ず蠟の小さなひさしから着手されるからだ。しかしここではこれ以上詳細には立ち入らない。とにかく巣房の建造では掘削作業がきわめて重要な役割を演じることがわかっている。しかし、ミツバチが正しい場所、すなわち隣接する二つの球の接合面に沿った場所に粗雑な蠟壁を建造できないと考えるとしたら大きな間違いである。私の手元には、ミツバチにはそれができることをはっきりと示す証拠の品がいくつかある。成長しつつある巣盤の縁の粗雑な蠟壁にさえ、将来の巣房では菱形の底面となる平面と位置的に対応する屈曲が見つかることもある。しかし粗雑な蠟壁は、両面を大きくかじり取られないことには完成しない。

ミツバチの造巣方法は奇妙である。最初に造られる粗雑な壁の厚さは、最終的に残されるきわめて薄い巣房の壁よりも一〇倍も二〇倍も厚いのだ。それがどれほど奇妙かは、石壁職人の仕事に喩《たと》えればわかるだろう。まず幅の広い畝上にセメントを積み上げ、地面の近くから両面を平等に削っていき、滑らかでとても薄い壁が中央に残るように仕上げる。しかもその際、削り取ったセメントは必ず畝のてっぺんに積み上げ、そこにさらに新しいセメントも足していく。その結果、薄い壁がどんどん出来上がっていくのだが、てっぺんには常に巨大な笠石が乗っていることになる。ミツバチの巣房も、出来始めのものも完成したものもすべて、てっぺんには蠟の頑丈な笠石を頂いている。そのおかげで、巣房の上でたくさんのミツバチが押し合いへし合いしても、華奢な六角柱の壁が傷むことはない。その壁は、わずか千分の六センチの厚さしかないのだ。菱形をした底板の厚さはその二倍はある。じつはこの奇妙な建造方法のおかげで、蠟を極力節約しながら巣房の強度が常に確保されているのだ。

巣房はどのようにして造られるのかを理解する上での困難に加えて、多数のハチがいっしょに働くことも、一見すると理解しがたいことに思える。一匹のハチは一つの巣房で短時間働いた後、別の巣房へと移動する。そのため、ユベールも述べているように、最初の巣房の建造に着手した時点でさえ、二〇匹あまりの個体が働いている。私はこの事実を、一つの巣房の六角柱の壁の縁、あるいは大きくなりつつある巣盤周辺の縁を、朱色に染めた蠟を溶かしてきわめて薄い層で覆うことによって証明した。

いつの場合も朱色は、まるで画家が絵筆で繊細に塗ったようにハチによってきわめて手際よく拡散させられた。朱色の蠟の微粒子が最初に塗られていた場所から取り除かれ、周囲の巣房の縁に積み上げられていったのだ。

巣造りの仕事はたくさんのハチのあいだで打ち立てられた、ある種の釣り合い状態のようにも見える。すべての個体は本能的に互いに等間隔の位置を保ち、すべてが等しい大きさの球を掘ろうとし、球どうしの接合面をかじり取らずに残すことで構築しようとしているのだ。二つの巣盤が交差してしまったというような困難に出くわすと、巣房をいったん完全に取り壊して別の仕方で造り直すということも再三ある。ときには、以前は拒否した形状を復活させることもある。まことに奇妙なことばかりである。

仕事をするミツバチが、適切な位置取りができるような足場があるとしよう。たとえば、下方に成長しつつある巣盤中央の真下に木片が出ていて、その木片の上方に巣盤を造らなければならないような場合である。そのような場合、ハチは新しく造る六角柱の一つの壁の土台を、すでに完成している巣房を越えた向こう側の正しい場所に据えることができる。ハチにとっては、ハチどうしや完成させたばかりの巣房の壁から、適切な距離を空けた位置取りができればそれで十分である。あとは造り上げる予定の球を想定することで、隣接する球どうしの接合面の壁を構築できるからだ。しかし私が見たかぎりでは、一つの巣房とそれに隣接する巣房の大部分が完成するまでは、その巣房の角をかじり取って仕上げることはしない。

ミツバチは、造り始めたばかりの二つの巣房のあいだの正しい場所に、一定の状況下で粗雑な壁を造ってしまう。ハチのこの能力はとても重要である。それは、ともすれば前述の理論を完全に覆してしまいそうに見える事実と関係するからだ。すなわち、スズメバチの巣盤では、いちばん端にある巣房が、ときに精密な六角柱の形をしているという事実である。しかしこの問題にこれ以上立ち入るための余裕はない。それに、ただ一匹の個体（たとえばスズメバチの女王一匹）が六角柱の巣房を造ることについては、それほどの困難はないように思える。同時に建造を開始した二つか三つの巣房の内側と外側で交互に作業をするにしても、造り始めたばかりの巣房の部分から常に適切な距離を保ちつつ、球ないし円筒を掘りながら接合面を造り上げていくと考えればいいからだ。一匹の個体が巣房建造に着手するにあたってはまず一点を固定し、それから外側に回って中心点から適切な距離を測って次の一点を決め、さらに相互の距離に応じて同じように残る五点を決めながら接合面を造っていけば、一つだけぽつんと離れた場所に六角柱を造ることも不可能ではないだろう。しかしそのような行動が実際に観察された例があるかどうかは知らない。あるいは、一個の六角柱を造るには、一個の円柱を造るよりもたくさんの材料が必要だろうに、あえてそうすることにどういう得があるのかも、私にはわからない。

自然淘汰は、生物個体が生活する条件の下でその個体に利益をもたらすわずかな変更が構造や本能に生じると、その変更を蓄積することによってのみ作用する。したがって、現在のような完璧な建造を可能にする本能に向けてゆっくりと小刻みに変更されてきた造巣本能が、個々の段階でミツバチの祖先にどのような利益をもたらしてきたのかという疑問が発せられて当然である。

私は、その疑問に答えるのは難しくないと思っている。よく知られているように、ミツバチは、十分な量の蜜を集めるのにひどく苦労する場合が多い。テゲットマイアー氏の教示によれば、ミツバチが四五〇グラムの蠟を分泌するためには乾燥重量にして五・四～六・八キログラムくらいもの糖が必要であることが実験で確かめられている。したがって、ミツバチが巣盤を造るための蠟を分泌するには、莫大な量の花蜜を集めて消費しなければならない。しかも、蠟を分泌しているあいだ、ハチは何日も働けない状態にある。冬期もたくさんの数のハチを養うには、大量の蜜を貯蔵する必要がある。それに、巣の安全を保てるかどうかは、主に多数のハチを抱えているかどうかにかかっている。したがってハチの家族にとっては、蜜を節約することで蠟も節約することが成功の鍵を握る重要な要素である。もちろん、ハナバチのどの種にとっても、寄生者の数や天敵の数、あるいはまったく別の原因によって成功が左右されるということはあるわけで、集められる蜜の量とはまったく関係ないということもある。

しかしここで、集められる蜜の量が、ある地域に生息できるマルハナバチの数を決定していると仮定してみよう。いや実際に決定している場合も多いと思われる。そしてさらに、その集団は冬期も生存し続けるために蜜の貯蔵が必要だと仮定してみよう。その場合、造巣本能が少し改変され、蠟製の巣房を近接して造ることで巣房を少しでも接合させられるようになったマルハナバチのほうが、明らかに有利となる。隣接する二つの巣房でも一つの壁を共有できれば、いくらかは蠟の節約になるからだ。そういうわけで、巣房をどんどん近接させ、ハリナシミツバチの巣房のように集塊状の巣を造るようになればなるほど、マルハナバチはますます有利になる。集塊を形成すれば、個々の巣房の壁の大部分は周囲の巣房の壁との共用になり、その分、大量の蠟が節約できるからだ。

やはり同じ理由から、ハリナシミツバチは現在よりももっと巣房を近接させて規則的に並べられるようになったほうが有利となる。そうすれば、すでに見たように、球状の壁面は完全に消失し、平面に置き換えられることになるからだ。そうなればハリナシミツバチもミツバチの巣と同じくらい完璧な巣を造ることになる。建築の完成度をこれ以上の段階に進めることは、自然淘汰にもできそうにない。なぜならわれわれの理解の及ぶかぎりでは、蠟を節約する上でミツバチの巣房ほど完璧なものはないからだ。

そういうわけで、知られている本能のなかでは最も驚嘆すべきミツバチの本能については、今よりも単純だった本能にわずかな変更が生じ、自然淘汰がそれを保存するという過程が数多く繰り返されることで生じたという説明ができる。等しい大きさの球を等間隔で背中合わせに二重になるように掘り、接合面に沿って蠟の壁を築いてはかじり取るというハナバチの行動の完成度を、自然淘汰の作用が、ゆっくりと少しずつ高めるよう仕向けたのだ。もちろんそのハナバチは、ある特定の距離を空けて球を掘ったことを自覚しているわけでもないし、六角柱や底面を構成する菱形板の角度の意味を自覚しているわけでもない。自然淘汰がはたらく原動力は、蠟の節約にあったのだ。蠟を分泌するにあたって蜜の消費を最小限に抑えることのできた集団が最大の成功を収め、そして新たに獲得したその経済的な本能を遺伝によって伝えることのできた新しい集団が、今度は生存闘争において成功を収める最高の機会を得ることになったのである。

本能の自然淘汰説をめぐる難題

起源をどう説明したらよいかとても難しい本能がたくさん存在する。それらが、自然淘汰説に対する反論となることは疑いない。どういう場合かというと、一つは、そもそもの起源がわからないような本能の場合である。あるいは、中間的な移行段階の存在が知られていないような本能の場合もそうだ。さらには自然淘汰によって保存されるほど重要とは思えないような本能の場合。そして、自然の序列においてかけ離れた動物がほとんど同じ本能をもっていることから、その本能は共通の祖先から遺伝したものとは説明できず、自然淘汰がそれぞれ個別に作用した結果であると信じるしかないような場合などである。

ここでは上記のケースを取り上げることはせずに、特に難題と思われるものに集中したいと思う。以前は解決できるとはとても思えず、私の学説全体にとって致命的になると思われた難題である。それは昆虫集団における中性個体、すなわち不妊雌の存在である。そのような中性個体は、本能においても形態においても雄や妊性のある雌とは著しく異なっている場合が多く、しかも不妊であるため、自分の子どもを生むことができない。

この問題はじっくりと論じるに値するものだが、ここではただ一例だけを取り上げる。不妊の働きアリの例である。働きアリがどうして不妊になるのかは難問だが、別の顕著な形態変化に比べればそれほどの難問ではない。自然界では昆虫や他の節足動物で、ときどき不妊になるものがいる例を示すことが可能だからである。それにそのような昆虫が社会性を有し、しかも働くことはできても繁殖はできない個体が毎年たくさん生まれることがその集団にとって利益になるとしたら、自然淘汰の作用がそういう結果をもたらしたと考えることにさほどの困難はないと思う。だがこのとりあえずの難問は省略しなければならない。それよりも、働きアリは雄アリとも、妊性のある雌アリとも、胸部の形状が独特で、翅とときには眼まで欠如しているなど、形態でも本能でも著しく異なっていることが最大の難問である。本能だけについて考えるにしても、働きアリと妊性のある雌アリとのあいだに見られる大きな違いは、ミツバチではよりいっそう顕著となる。

働きアリや他の中性の昆虫が正常な状態の動物だったとしたら、私はためらうことなく、それらの形質はみな自然淘汰の作用によってゆっくりと獲得されたものだと想定するはずである。すなわち、少しだけ有利な形態変化をもって生まれた個体がその形質を遺伝によって子孫に受け渡し、子孫も変異を起こすことで再び選抜されるということが続いたと考えるのだ。しかし働きアリの場合は、親とずいぶん異なる昆虫になっており、しかも完全に不妊である。したがって、形態面や本能面で獲得した変更を次代の子孫へと伝えていくことができない。この事例を自然淘汰説と調和させることははたして可能なのだろうか。これは問われて当然の疑問である。

まず第一に思い出すべきは、あらゆる種類の形態変化について、特定の年齢や雌雄のどちらかと相関するようになった例は、家畜でも野生動物でもたくさんあるということだ。雌雄どちらか一方だけでなく、繁殖システムが活性化している時期の短期間だけに相関した差異も知られている。たとえば多くの鳥の婚姻色［繁殖期にだけ換わる羽色］やサケの雄の曲がった上あごなどがそうである。ウシのさまざまな品種では、人為的に去勢した雄の角がわずかだけ変形するという例もある。ウシの品種間で比較すると、それぞれの品種の雌雄間の角の長さの違いよりも、去勢ウシ間の違いのほうが大きくなる例があるのだ。したがって昆虫集団を構成するメンバーの妊性の状態と、ある形質とが相関しているとしても、そのことが問題になるわけではない。困難は、相関によるそのような形態の変更が、自然淘汰の作用によってどのようにして少しずつ蓄積されたのかを理解することにある。

この困難は克服しがたいようにも思える。しかし、自然淘汰は個体だけでなく家族にも適用可能だし、そうだとすれば望みの目的が達せられることを考えればこの困難は縮小するし、私としては消滅すると信じている。たとえば、おいしい野菜を調理すればその個体は死ぬが、同じ系統の種子をまけばほぼ同じ変種が手に入ることを、園芸家は疑わない。ウシの育種家は、肉と脂肪が霜降り状態になったウシを望む。肉がその状態になっていることを確かめられたウシは殺されているわけだが、育種家は迷うことなくそれと同じ家族を選ぶ。私は選抜の威力を信じている。したがって去勢ウシの角がいつも異様に長くなるウシの品種は、どの雄ウシと雌ウシをかけ合わせればいちばん長い角をもつ去勢ウシが生まれるかを注意深く観察することにより、徐々に形成されたことを疑わない。ただしもちろんその場合、去勢ウシが同じ性質をもつ自分の子を残すわけではない。

そういうわけで私は、社会性昆虫でも事情は同じだったと信じている。集団の特定メンバーの不妊性と相関した形態や本能のわずかな変更は、その集団にとって有利だった。その結果として同じ集団の妊性のある雄と雌が繁栄し、同じ変更を保有する不妊メンバーを生む傾向を妊性のある子孫に伝えたのだ。そしてこの過程が繰り返され、最終的には同じ種の妊性のある雌と不妊の雌とのあいだに、多くの社会性昆虫で見られるような大きな差異が生じたのだと私は信じている。

しかしこれではまだ、最大の難問に手をつけていない。何種類ものアリにおいては、中性個体は妊性のある雌と雄だけでなく、お互いどうしも、場合によってはほとんど信じられないくらい異なっており、二種類あるいは三種類ものカーストに分かれているという事実である。しかもそのようなカーストどうしの差異は、一般には小刻みな違いではなく、明確に区別されるものである。カースト間の違いは、同属の二種間、いやむしろ同じ科の二属間の違いくらい大きい。たとえばグンタイアリ属（Eciton）には働きアリと兵アリがいて、大あごの形状と本能に著しい違いが見られる。ナベブタアリ属（Cryptocerus）では働きアリの一カーストだけが頭にみごとな盾を保有しているのだが、その用途についてはまったくわかっていない。メキシコミツツボアリ（Myrmecocystus）の働きアリの一カーストは、巣から一歩も出ない。別のカーストの働きアリから給餌され、巨大に発達した腹部から蜜を分泌するのだ。この蜜が、ヨーロッパのアリによって乳牛のように保護されたり幽閉されたりするアブラムシが分泌する甘露の代わりになる。

このように驚異的な事実は私の学説をただちに無効にするものだということを私は認めないと言えば、自然淘汰の原理に過度の自信をもっていると思われかねない。そこで、妊性のある雌や雄とは異なる中性個体のすべてが、同じ種類のカーストに属しているという単純な場合を考えてみよう。そうだとすれば、それは自然淘汰の作用によるものである可能性を私は大いに信じているのだが、この場合については通常の変異からの類推により、次のように結論してよいだろう。すなわち、個体にとって有利な変更が継続的に生じてきたのだが、おそらく最初のうちは、同じ巣の中性個体すべてに生じたわけではなく、一部の少数の個体だけに生じたのではないか。そして、有利な変更を備えている多数の中性個体を生む親が長期にわたって連続的に選抜されることで、最終的にすべての中性個体が望ましい形質を備えることになったのだ。この見解によれば、同じ巣にいる同じ種の中性個体に形態の小刻みな変異が見つかることもあるはずである。そして実際に見つかるのだ。しかも、ヨーロッパ産のアリ以外で中性個体が詳しく調べられているものが少ないことを考えれば、かなり高い頻度で見つかるのだ。

F・スミス氏は、イギリス産の何種ものアリで中性個体どうしがサイズやときには体色まで驚くほど異なっているばかりか、同じ巣で採取した個体のなかで両極端をつなぐみごとな変異の系列が認められる場合があることを明らかにしている。私自身も、それと同じくらいきれいな小刻みな変異を見つけている。よくある傾向としては、サイズの大きい働きアリか小さい働きアリのいずれかがいちばん数が多いというパターンか、大きいサイズと小さいサイズが多数を占め、中間のサイズはごく少数というパターンである。

キイロケアリは大型と小型の働きアリが主で、中間サイズもある程度はいる。F・

スミス氏が観察しているように、キイロケアリでは、大型の働きアリには、小さいけれどその存在がはっきりと確認できる単眼があるが、小型の働きアリの単眼は痕跡的である。私はキイロケアリの働きアリを何匹か解剖して詳しく調べてみた。その結果、小型の働きアリの単眼は、単に体のサイズに応じて小さいということでは説明できないほど痕跡的になっていることが確認できた。それと、この点についてはそれほど積極的に主張するつもりはないが、中間サイズの働きアリの単眼はまさに中間的な状態だったと断言できる。つまりキイロケアリの例では、同じ巣に二大グループの働きアリがいて、サイズだけでなく視覚器官でも異なっており、しかもそのあいだをつなぐ中間段階のメンバーもいくらかは確認できるのだ。

わき道にそれるのを承知で言おう。この小型の働きアリが集団にとって最も有用で、しかも小型の働きアリをどんどん生む雄と雌が選抜され続けたなら、最終的にはすべての働きアリが小型のタイプになることだろう。そうなれば、クシケアリ（Myrmica）の働きアリと同じ状態に近い中性個体をもつ種が誕生したことになる。クシケアリの雄と雌にはよく発達した単眼があるが、働きアリには単眼の痕跡すらないのだ。

もう一つ別の例を紹介しよう。私は、同じ種の異なる中性カースト間において形態上重要な点で、小刻みに移行する差異が見つかるものと確信していた。そこで西アフリカのサスライアリ（Anomma）の一つの巣から採取された大量の標本をF・スミス氏から提供してもらい、調べてみた。実際の測定値を示すよりも正確な比喩を提供するほうが、サスライアリの働きアリに見られる差異の大きさを理解しやすいだろう。家を建てている大工の一団がいるとする。メンバーは身長一六〇センチのグループと身長四八〇センチのグループがそれぞれ多数を占めている。ところが大きい大工の頭の大きさは、小さい大工の三倍ではなく四倍もあり、あごは五倍近くも大きいのだ。しかもサスライアリに見られるサイズの異なる何タイプかの働きアリの大あごは、形状が驚くほど異なっているばかりか、大あごの歯の形状と数も異なっている。

　しかしここでの議論にとって重要な事実は、サスライアリの働きアリは異なるサイズのカーストにグループ分けできるものの、すべてを並べるとサイズがみごとに連続的に変異しており、形態が大幅に異なる大あごの形状もそうだということである。大あごに関して私が自信をもってそう言い切れるのは、何タイプものサイズの働きアリから私が切り取った大あごの標本を、ラボック氏が描画装置《カメラルシダ》を用いて描いてくれたからである。

これらの事実から私は、自信をもって断言する。自然淘汰は、妊性のある親に作用することで、一種類のタイプの大あごをもつ大型の中性個体ばかりか、タイプが大幅に異なる大あごをもつ小型サイズの中性個体のいずれかを常時生み出す種を形成できるのだ。それと最後に、これぞまさに最大の難問なのだが、一種類のサイズと形態をもつ働きアリの集団と、それとは異なるサイズと形態をもつ働きアリの別の集団を同時に生む種も、自然淘汰は作り出す。つまり、最初のうちはサスライアリのように小刻みに移行する系列が形成されるのだが、やがて集団にとって最も有用なタイプを生む親が自然淘汰の作用によって選抜され、両極端のタイプの働きアリの数がどんどん多くなっていき、最終的に中間的なタイプは生まれなくなったのだ。

はっきりと区別できる二種類の不妊カーストである働きアリ――働きアリどうしとも親ともはっきりと異なる――が同じ一つの巣に存在するという驚きの事実は、このようにして生じたのだ。私はそう信じている。そういうカーストをもうけることが社会性昆虫の集団にとってどのように有用だったかについては、文明人にとって分業が有用であるのと同じ原理だと思えば理解できる。ただしアリが使えるのは、遺伝によって受け継いだ本能と道具や武器であり、獲得した知識や製造された装置を使うわけにはいかない。したがって完全な分業を実現するには、働きアリが不妊になるしかなかった。なぜなら働きアリに妊性があったとしたら、交雑が起こり、その本能や形態が混ざり合ってしまいかねないからだ。そして自然は、アリの集団におけるこのみごとな分業を、自然淘汰を作用させることで達成したのだと、私は信じている。

しかし、私は自然淘汰の原理に全幅の信頼を置いてはいるものの、もし昆虫の中性個体という存在によって確信を抱かなかったとしたら、自然淘汰の威力がここまで大きいとは予想しなかっただろうと告白しなければならない。そういうわけで、まだ不十分ではあるもののある程度のページ数を割いてこの事例を論じたのは、自然淘汰の威力を示すためであると同時に、これが私の学説が遭遇したとりわけ深刻な難問だからである。昆虫の中性個体という事例はとても興味深い。なぜなら動物でも植物でも、何らかの点で有益で、偶然によるとしか言いようのない多数のわずかな変異が、鍛練も習性も関係なしに蓄積することで、どんなに大きな形態の変更でも生じる可能性を証明してくれるからだ。とにかく、集団内に存在する完全に不妊のメンバーがいかに鍛練を積んだり習性や意志を働かせたところで、唯一子孫を残せる妊性をもつメンバーの形態や本能に影響を及ぼすことはできないのだ。昆虫の中性個体が存在するという明白な事例を、生物の変遷を主張したラマルクの有名な教義に対する反論として誰も持ち出さなかったことが、私には不思議である。

まとめ

要約——本章では、家畜の心理的特性は変異すること、その変異は遺伝することを簡潔ながら示そうと努力した。そのほかそれ以上に簡潔にではあるが、自然条件下でも本能はわずかながら変異することを示そうとした。

どの動物にとっても本能ほど重要なものはない。それについては、誰にも異論はないだろう。したがって、変化する生活条件の下で、本能のわずかな変更が、自然淘汰によって有用となる方向へいくらでも蓄積されていくことが難しいとは思えない。場合によっては、習性や用不用が関与することもあっただろう。私は、本章で提出した事実によって私の学説が大いに強化されたなどと吹聴するつもりはない。しかし、これはあくまでも私の判断だが、難題とされる事例のうちで、私の学説を無効にしたものはない。それどころか、以下の事実はいずれも自然淘汰説の補強につながるものである。すなわち、本能は常に完璧というわけではないし、過ちを犯しやすいものだという事実。他の動物の利益になるためだけに生み出された本能はないが、どの動物も他の動物の本能を利用しているという事実。「自然は飛躍せず」という自然史学の格言は、身体構造のみならず本能にも適用可能であり、前述した私の見解では明快に説明できるが、他の見解では説明できないという事実である。

この学説は、本能に関するそのほかいくつかの事実によっても補強される。それは、ごく近縁ではあるがはっきりと区別できる種が、世界の遠く離れた地区の、しかも生活条件のかなり異なる場所に生息しているにもかかわらず、ほぼ同じ本能を保有している場合が多いというよくある事例などである。たとえば、南アメリカにすむツグミの一種がイギリス産のツグミ類と同じ特殊なやり方で巣の内側を泥で塗り固めることや、北アメリカのミソサザイ（Troglodytes）の一種の雄がイギリスのミソサザイの雄と同じように「雄鳥の巣」を造ってねぐらにするという、ほかの鳥ではまったく知られていない習性などは、遺伝の原理を考えれば納得できる。

最後に、カッコウの雛が托卵先の雛を巣から押し出す、アリが奴隷狩りをする、寄生バチの幼虫が生きたアオムシの体内を食べるといった本能的な行動について一言触れておこう。そうした本能は、創造時に特別に授けられた本能ではない。それらは、増殖し、変異を起こし、強いものを生かして弱いものを死なせることであらゆる生物を前進させる一般法則のちょっとした結果なのである。論理的な帰結とは言えないかもしれないが、そう見なすほうが、私としてははるかに納得できるということを付け加えておきたい。

（下巻に続く）

本書を読むために

渡辺 政隆

二〇〇九年は、ダーウィン生誕二〇〇年、『種の起源』出版一五〇年という節目の年にあたる。しかし、ダーウィンは名のみ知られるばかりで、その業績の内容についてはさほど多く語られることもなかった。その大きな理由は、この歴史的な書をきちんと読むこともなく評価を下す識者が少なくなかったことにあるかもしれない。『種の起源』の新訳を刊行するとしたら、まさにこの年をおいて他にはないだろうと決断した所以《ゆえん》である。

新訳に踏み切ったもう一つの大きな理由は、『種の起源』は専門家向けの学術書ではなく、あくまでも一般読者向けに書店で販売された本だということにある。そして必ずしも専門知識があるわけではない読書人がこぞって買い求めた。現代社会にあっても、『種の起源』は、単なる古典としての価値だけでなく、同時代の書としても読み込むに値する内容を含んでいる。

以下、『種の起源』を読み解くための指針を簡略に解説したい。

ダーウィンの人となり

チャールズ・ロバート・ダーウィンは、一八〇九年二月一二日、イングランド西部、ウェールズとの国境に近い小さな商業都市シュルーズベリで、二男四女の五番目、次男として生を受けた。父親ロバート・ウォリング・ダーウィンは裕福な開業医で、母親スザンナは有名な製陶会社ウェッジウッドの創始者の娘という家柄である。

父方の祖父のエラズマス・ダーウィンもまた裕福な医師で、おまけに詩人、自然哲学者にして発明家でもあった。メアリー・シェリーが、交友のあったエラズマスの言動から小説『フランケンシュタイン』の着想を得たことは有名である。エラズマスは、チャールズの母方の祖父であるジョサイア・ウェッジウッド（ウェッジウッドの創始者）とは親友の間柄で、発明家としてウェッジウッド工場の近代化に寄与していた。この二人は、他の発明家たちとルナ協会という組織を結成していた。つまりチャールズ・ダーウィンは、産業革命の一翼を担った、裕福で知的な中産階級という家柄の御曹司として生を受けたのだ。

八歳のときに母を亡くしたチャールズは、歳の離れた姉たちにかわいがられて育った。昆虫採集や魚釣りが好きな少年で、五歳上の兄といっしょに薬品を買い込んで化学の実験を楽しんだりもした。だが、九歳で入学した地元の全寮制パブリックスクールは、ギリシア語とラテン語の丸暗記が中心で、授業には身が入らなかった。

パブリックスクール卒業後は、家業を継ぐべく、一六歳でエジンバラ大学の医学部に入学した。しかし、麻酔なしで行なわれる手術を見学し、患者の苦痛と血を見ることに耐え切れず、一年半で退学することになる。

スコットランドの首都エジンバラは、北のアテネと称され、自由な気風が横溢《おういつ》する都市だった。ダーウィンはそこで、自然史学の研究サークルに入会し、当時の英国社会においては危険思想と目されていたラマルク進化論と、チャールズの祖父エラズマスが唱えた進化論的な説の熱烈な信奉者から動物学の手ほどきを受けた。

医学の道を断念したダーウィンは、半年後にケンブリッジ大学に入学し直し、田舎牧師という職を目指すことになった。敬虔な信徒というわけではなかったが、世間体からも、自然史学の研究に好きなだけ時間を割けるという点からも、妥当な職業選択と判断されたのだ。

必須科目の一つである神学の勉強では、美しい花が咲き誇り、蝶や蜂が飛び交い、小鳥が囀《さえず》る長閑《のどか》な田園風景こそ、神の慈悲と恩寵の表れであると説く自然神学の解釈に感動した。そして、昆虫採集や自然観察、地質学の実地調査などに夢中で打ち込んだ。

当時のダーウィンを物語る愉快な逸話がある。珍しい甲虫を両手につかんでいたとき、目の前に別の甲虫が現われた。そこでとっさに、右手の甲虫を口にくわえ、目の前の虫に手を伸ばそうとしたところ、口にくわえた甲虫が強烈な酸を噴射し、結局どちらも逃がしてしまったというのだ。いわゆる「ヘッピリムシ」を口にくわえてしまったのである。

ケンブリッジ大学では終生の師との出会いもあった。植物学者のJ・S・ヘンズロー教授である。一時期ダーウィンは、友人たちから「ヘンズローと散歩する男」と揶揄されるほど師に心酔していた。

大学をまあまあ優秀な成績で卒業したチャールズは、まだ見ぬ熱帯の地を訪れる計画を夢想していた。そこに、英国海軍測量艦ビーグル号乗船の誘いが舞い込む。ビーグル号のフィッツロイ艦長が、長い航海で話し相手となってくれる良家の子息を求めていたのだ。

当時のフィッツロイは弱冠二六歳で、自分以外は若造の見習士官か、教養のない水兵ばかりを相手に、長く苛酷で孤独な任務を遂行しなければならない立場にあった。夕食の席くらいは、対等に話し合える僚友がほしい。自然史学者ならば、自費でも乗船を志願する者がいないとも限らない。そこで白羽の矢が立ったのが、当時二二歳のダーウィンだったのである。ダーウィンは、今の日本円に換算すれば五〇〇万円ほどに相当する支度金を父親に融通してもらい、勇躍航海に乗り出した。

ビーグル号の任務は、南アメリカ東岸の海図作成だった。そのため艦は、南アメリカ東岸沿いを何度も往復した。その間、ダーウィンは適宜上陸し、内陸部の探検や標本採集、化石発掘を精力的にこなした。当初の予定では世界周航の確約はなかったが、航海の途中で太平洋、インド洋を経由して帰国することになった。

航海は最終的に五年間に及んだ。ダーウィンは初めて目にした熱帯に歓喜し、不思議な生きもの、謎の化石、美しいサンゴ礁等々に目を見張った。また、チリでは地震や火山の噴火にも遭遇した。出版されたばかりの地質学書、チャールズ・ライエルの『地質学原理』を携えて航海に出たダーウィンは、地球の歴史は現在進行形の地学現象で説明できるというライエルの言が証明される様を目の当たりにすることになった。

航海中の出来事は、どれもみな意識の変革を迫る体験だった。そして、神による天地創造を信じて乗船した青年は、この世の生きものは神によって創造されて以後に姿を変えることはなかったとする創造説に疑念を抱く進化論者となって下船することになった。

しかも、出航の時点では無名だった青年ダーウィンは、旅先から送った膨大な標本と観察日誌により、帰還時には学界の寵児となっていた。だがそれが逆に、ダーウィンには思わぬ重荷となってのしかかる。自分を評価してくれる学界の名士たちは、いずれもみな創造論者である。ところが自分は、邪説とされる進化論を心の奥で育んでいる。しかも、社会変革を唱える労働者の声が高まり、世相は騒然としつつあった。

ダーウィンは、しばらくはビーグル号の航海で持ち帰った標本の整理に追われた。そして公式の報告書を出版すると同時に、それを一般向けに書き直した航海記を出版した。それが『ビーグル号航海記』（一八三九）である。この書は大好評を博し、ダーウィンの名は学界のみならず、自然史学好きの一般読書人のあいだにもひろまることになった。これが、ダーウィンのサイエンスライターとしてのデビューだった。

一八三九年、ダーウィンは、一歳年上の従姉で、母と同じウェッジウッド家の娘エマと家庭を設けた。しかし秘密を抱えていることの心労に耐え切れず、一八四二年に喧騒《けんそう》の都市ロンドンを脱出し、列車と馬車を乗り継いで半日ほどかかるケント州ダウン村に建つ旧牧師館に蟄居《ちっきょ》することにした。その館はダウンハウスと命名され、一八八二年四月一九日に七三歳で亡くなったダーウィンの終《つい》の棲家となった。ビーグル号の航海から帰国後、ダーウィンが英国を出ることは二度となかった。

資産に恵まれていたダーウィンは、終生、職業に就くことはなかった。彼は資産家の自然史学者として、ダウンハウスを拠点に、世界中の自然史学者や市井《しせい》のナチュラリストを相手に膨大な量の書簡を交わすことで情報収集を行なった。また、さまざまな材料を取り寄せて自ら実験観察も行なっていた。

ダーウィンは身長一八〇センチを超える巨漢だったが、誰に対しても寛容で親切であり、どちらかといえば繊細な人物だった。そのことが災いしてか、ビーグル号の航海から帰還後は、たびたび自律神経失調症的な症状に見舞われていた。また、一〇人の子供のうち三人を幼くして亡くしている。

ビーグル号の航海から帰還後すぐに生物進化について考察する秘密のノートをつけ始め、一八四二年にはある程度の草稿をまとめ、一八四四年には、万が一の場合に備えた遺書代わりの試論をまとめた。そしてすぐにでも生物進化に関する持論を展開した著作を書き始めるつもりでいたのだが、結局は南アメリカの地質学に関する著書と、フジツボの研究書四巻の執筆に一〇年もかけることになった。

しかし、一八五八年六月に舞い込んだ一通の手紙が激震を起こした。動物標本の採集のためにインドネシアに滞在中の若きナチュラリスト、アルフレッド・ラッセル・ウォレスが、もしあなたの眼鏡にかなうようならライエルに読んでもらえるよう取りはからってほしいという手紙と共に、一編の論文を送ってきたのだ。それは、ダーウィンが密かに育み、ごく親しい友人にだけ細切れに内容を明かしていた自然淘汰説とうり二つの内容だった。

ダーウィンは慌てふためき、ライエルに手紙を書いた。

「出し抜かれるぞというあなたの忠告が恐ろしいかたちで現実になりました。これほどの偶然の一致は初めてです。もしウォレスが、私が一八四二年に書いた草稿を読んでいたとしても、これ以上の短い要約は書けないはずです！　彼の用語が、私の章見出しになるほどです」

ダーウィンから相談を受けたライエルと、ダーウィンが最も厚い信頼を寄せていた年下の植物学者ジョゼフ・フッカーはそこで一計を案じた。自然淘汰説に対するダーウィンとウォレス両人の優先権を同時に認めるかたちでの解決を図ることにしたのだ。かくしてリンネ学会の集会において、ウォレスの論文とダーウィンの関連文献が同時に発表されることになった。

その時点で大著『自然淘汰説』を数百ページほど書き進めていたダーウィンは、急遽その執筆を中断し、それに代わる「要約」の執筆に取りかかった。それからおよそ一年後の一八五九年一一月二二日に発売されたのが『種の起源』だったのである。

『種の起源』出版の意義

その「要約」は、本文だけで四九〇ページもある大著だった。初版の刷り部数は一二五〇部だが、著者の取り分や書評用などを除いて実際に書店に流通したのは一一七〇部だったと言われている。売れ行きはよく、一般の読者向けに発売されると同時に完売したと言われている。一一月二四日に出版元から届いた手紙がダーウィンにその情報をもたらした。

　思わず小躍りしたダーウィンは、そこでとんだ勘違いをしでかす。一一月二四日の発売と同時に完売したと日記に誤記し、友人への手紙でもそう伝えたのである。その結果、『種の起源』の発売日は一一月二四日だったという説が定着することになった。

　ダーウィンは、完売の知らせを受けてただちに第二版の準備に取りかかり、翌年の一八六〇年一月初旬に第二版を出版した。そしてそれ以後も、世の批判に応えるかたちで、六一年、六六年、六九年、七二年にそれぞれ改訂版を出版した。最終的に、第六版まで版を重ねたのである。

　前述したようにダーウィンは、長い航海から帰還直後の一八三六年から生物進化（当時の用語では転成）について考察する秘密のノートをつけ始めた。『種の起源』の出版はそれから数えて二三年、自説を草稿（一八四二）と試論（一八四四）のかたちにまとめてから数えても一五年あまりも後のことだった。ダーウィンは自説の公表をなぜこれほどためらったのだろうか。

　無論、ダーウィンの真意は誰にもわからない。ただ、生物の起源に関する当時の社会と学界の正統は、あくまでも、すべての生物は神が個別に創造したものであり、それ以後変わることはなかったという創造説だった。

ダーウィンが『種の起源』で成し遂げた二大偉業は、進化の研究を科学にしたことと、進化が起こるメカニズムを提唱したことだろう。

生物は変わってきたと考える進化論を唱えたのはダーウィンが初めてというわけではなかった。フランスの自然史学者ラマルクしかり、ダーウィン自身の祖父エラズマスしかりである。あるいは、当時の著名なジャーナリストだったロバート・チェンバースは、一八四四年に『創造の自然史の痕跡』という書を匿名で出版していた。それは、地球の形成から人類の登場までの歴史を、想像力豊かに記述した本である。大衆は歓迎したが、学界は、進化というテーマと証拠がまったく欠けているといってこぞって酷評した。この本の評判が悪かったことも、ダーウィンが自説の公表をためらった理由の一つだったと思われる。

生物の進化は、地球の長い歴史の中で一回しか起こらなかった物語である。たとえばティラノサウルスが二度と復活することはない。したがって個々の生物進化を実験で再現することはできない。つまり通常の科学の方法では扱えない事象である。ではどうすればよいか。ダーウィンは、仮説を構築し、傍証を積み上げるという歴史科学の方法を確立することで進化学を科学にした。仮説に反する証拠が新たに見つかったならば、潔く仮説を却下し、証拠に立脚した新たな仮説を構築すればよい。ダーウィンは、『種の起源』において、自説に対する難題をあえて取り上げ、自説を自ら厳しく検証している。

当時の社会にあっては邪説だった生物進化という考え方を世に問うには、それだけ用意周到な論証を行なう必要があったとも言える。これも、自説公表までに長い時間を要した理由の一つだろう。

ダーウィンのもう一つの偉業は、進化のメカニズムとしての自然淘汰説を提唱したことである。この説の公表に関しては、結果的にウォレスとの同時発表という形式を踏むことになった。ダーウィン自身が自然淘汰説をどの時点で完成させていたかについてはここでは触れない。しかし、ウォレスとの同時発表からわずか一年で、自然淘汰説を膨大な傍証によってまとめ上げた『種の起源』を出版したという事実が、ダーウィンの用意周到さを物語っている。

ウォレス自身も、完全にダーウィンに心酔していた。『種の起源』の出版一年後、ウォレスは次のように述べている。

「ダーウィン氏のすばらしい著書『種の起源』を読むと、この人があげている事実や見解と私のそれはほぼ完全に一致していることがわかる。しかし氏の著書では、私には思いもよらなかった点に関する詳細な説明や言及が多数ある。たとえば、変異の法則、成長の相関作用、性淘汰、本能の起源、不妊の昆虫、胚の類似に関するほんとうの説明などである」

自然淘汰説自体は単純な説である。生物には遺伝的な個体変異があり、個体変異に応じて生存繁殖率に差が出る。その結果、有利な変異をもつ個体ほど生き残る確率が高く、より多くの子孫を残す。この過程が続くことで、原種から変種が分かれ、やがて種となる。単純化すれば、これが自然淘汰の原理なのだ。ダーウィンは、家畜や栽培植物の品種改良とのアナロジーでこの原理を論証している。有限の時間で人間にできたことが、無限ともいえる長い時間が許された自然にできないはずはないというのだ。『種の起源』におけるこのあたりの論証はくどく感じるかもしれないが、これぞダーウィンの真骨頂なのである。

ダーウィンの予見性

ダーウィンが成し遂げた二大偉業について述べたが、『種の起源』ひいてはダーウィンの偉大さはそれだけにとどまらない。ダーウィンは、『種の起源』の中で、現在に至る進化生物学研究の方向性をみごとに予見している。むろん、遺伝の仕組みや地史の正確な年代など、当時としては知り得なかったことは多い。しかし、地質学的な記録に見られる進化の様式、性淘汰、複雑な構造の起源、種分化の様式、新種の起源とは新たな生態的地位への進出であるとの卓見など、その後の進化生物学の展開において追究されてきた課題が、ほぼすべて『種の起源』の中で語られているといっても過言ではないのだ。後世の進化生物学者たちはダーウィンの跡追いを演じてきたにすぎないと言い換えてもよいかもしれない。つまり、『種の起源』はアイデアの宝庫なのだ。

一方で、ダーウィンの進化理論が社会的に誤用、悪用されてきたこともまた事実である。しかし『種の起源』をきちんと読めば、ダーウィンの主張にそのような誤説の根拠がないことは一目瞭然だろう。また、生物間の競争、闘争という表現から、ダーウィニズムの根幹は競争至上主義にあるといった言説が流布しているが、それも誤解、曲解であることがわかる。ダーウィンは、そうした表現はあくまでも比喩であると明言しているではないか。

ともかくも、ダーウィンに対する不評の大半は、その主著を読むことなしに行なわれてきたと言ってよいだろう。一人でも多くの人が『種の起源』を手にすることで、そうした誤解が解消されることを期待する。

その後のダーウィン

上巻の巻末で『種の起源』以後について触れるのは気が早すぎるかもしれない。しかし、ダーウィンの事績がすでに歴史に組み込まれている以上、多少の早い遅いは些《さ》事《じ》にすぎないだろう。

『種の起源』の出版は、ダーウィンが予測したほどの騒動にはならなかった。社会は意外と冷静に受け入れたのだ。いやむしろ、労働者階級は熱烈に歓迎した。一部の聖職者や聖職も兼ねる科学者は反発や落胆を示したが、それも大勢には影響なかった。『種の起源』では人類の起源についてはほとんど触れられていないが、人々はダーウィンが濁した言葉の裏を鋭敏に察知した。人類の祖先は猿であることを。いや、正確には猿というわけではない。祖先を猿と共有しているという解釈が正解である。しかしこの誤解は、今日も根強く残っており、当時の人々が誤って解釈したのも不思議ではない。ダーウィンを猿になぞらえた風刺画が出回ったが、それはあくまでも諧謔的な風刺の域を出るものではなかった。

『種の起源』の執筆で中断した「種の大著」は、別個の分冊というかたちで出版されることになった。すなわちそれは、『飼育動植物の変異』（一八六八）、『人間の由来』（一八七一）、『人間と動物の感情表現』（一八七二）などの著書として結実していった。

ダーウィンは、自宅のダウンハウスで常に複数の研究課題を追い続けていた。そうした中にあって、一貫して気にかけていた対象はミミズだった。じつは、ビーグル号の航海から帰還して最初に発表した学術論文がミミズに関するものであり、人生の最後、死の前年に出版した著書もまた、『ミミズによる腐植土の形成について』（一八八一）というミミズに関する小冊子だった。ダーウィンは、ちっぽけなミミズのたゆまぬ活動がストーンヘンジの巨石をも地中に埋め込むことに、大自然の摂理と命の永続性を見ていたのだ。

そんなダーウィンだから、自らの遺体は愛するミミズたちがせっせと土を掘り返している地元ダウン村の墓地に埋葬してほしかったはずである。しかし、その願いはかなわなかった。

ダーウィンの死が友人たちに伝えられるや、ダーウィンのブルドッグ（番犬）ことトマス・ハクスリーらが中心となり、国葬に準じる埋葬の手はずを整えたのだ。そして、多くの国王や女王、錚々たる文人や桂冠詩人、あるいはニュートンらが埋葬されているウェストミンスター・アビー（大修道院）の石畳の床下に埋葬されたのである。

この事実には、後世の人間が抱く感傷以上に大きな意味がある。つまり、邪説であるはずの進化論を唱えた人物が、なぜ最後は国葬に準じる扱いを受けたのか、その背景を認識する必要がある。これは、その時点で、少なくとも思想としての進化論は社会的に無視できないほど大きな存在となっていたことを意味しているのだ。

現在、ダーウィンはイギリスの一〇ポンド紙幣の肖像となっており、生誕二〇〇年にあたる二〇〇九年には造幣局が記念の二ポンド金貨を発行した。「進化に照らさない生物学は意味がない」と喝破した生物学者がいたように、進化学はすべての生物学の根幹をなしている。そしてそのすべてのルーツは『種の起源』初版にある。その端緒を開いたダーウィンの偉業は、ますます評価が高まることはあっても忘れ去られることは決してない。つまり『種の起源』を読まずして生命を語ることはできないのだ。

皆既日食二〇〇九年七月二二日

kobunsha classics
光文社古典新訳文庫

種《しゅ》の起源《きげん》（上）

著者　ダーウィン
訳者　渡辺《わたなべ》 政隆《まさたか》

2009年9月20日　初版第1刷発行
2025年1月30日　第15刷発行

発行者　三宅貴久
印刷　新藤慶昌堂
製本　ナショナル製本

発行所　株式会社光文社
〒112-8011東京都文京区音羽1-16-6
電話　03（5395）8162（編集部）
03（5395）8116（書籍販売部）
03（5395）8125（制作部）
www.kobunsha.com

落丁本・乱丁本は制作部へご連絡くだされば、お取り替えいたします。
ISBN978-4-334-75190-6 Printed in Japan

いま、息をしている言葉で、もういちど古典を

長い年月をかけて世界中で読み継がれてきたのが古典です。奥の深い味わいある作品ばかりがそろっており、この「古典の森」に分け入ることは人生のもっとも大きな喜びであることに異論のある人はいないはずです。しかしながら、こんなに豊饒で魅力に満ちた古典を、なぜわたしたちはこれほどまで疎んじてきたのでしょうか。

ひとつには古臭い教養主義からの逃走だったのかもしれません。真面目に文学や思想を論じることは、ある種の権威化であるという思いから、その呪縛から逃れるために、教養そのものを否定しすぎてしまったのではないでしょうか。

いま、時代は大きな転換期を迎えています。まれに見るスピードで歴史が動いていくのを多くの人々が実感していると思います。

こんな時わたしたちを支え、導いてくれるものが古典なのです。「いま、息をしている言葉で」――光文社の古典新訳文庫は、さまよえる現代人の心の奥底まで届くような言葉で、古典を現代に蘇らせることを意図して創刊されました。気取らず、自由に、心の赴くままに、気軽に手に取って楽しめる古典作品を、新訳という光のもとに読者に届けていくこと。それがこの文庫の使命だとわたしたちは考えています。

このシリーズについてのご意見、ご感想、ご要望をハガキ、手紙、メール等で翻訳編集部までお寄せください。今後の企画の参考にさせていただきます。
メール　info@kotensinyaku.jp

光文社古典新訳文庫　好評既刊

永遠平和のために／啓蒙とは何か 他3編

カント／中山《なかやま》元《げん》◉訳

「啓蒙とは何か」で説くのは、自分の頭で考えることの困難と重要性。「永遠平和のために」では、常備軍の廃止と国家の連合を説く。現実的な問題意識に貫かれた論文集。

純粋理性批判（全7巻）

カント／中山《なかやま》元《げん》◉訳

西洋哲学における最高かつ最重要の哲学書。難解とされる多くの用語をごく一般的な用語に置き換え、分かりやすさを徹底した画期的新訳。初心者にも理解できる詳細な解説つき。

実践理性批判（全2巻）

カント／中山《なかやま》元《げん》◉訳

人間の心にある欲求能力を批判し、理性の実践的使用のアプリオリな原理を考察したカントの第二批判。人間の意志の自由と倫理から道徳原理を確立させた近代道徳哲学の原典。

判断力批判（上・下）

カント／中山《なかやま》元《げん》◉訳

美と崇高さを判断し、世界を目的論的に理解する力。自然の認識と道徳哲学の二つの領域をつなぐ判断力を分析した、カント批判哲学の集大成。「三批判書」個人全訳、完結！

善悪の彼岸

ニーチェ／中山《なかやま》元《げん》◉訳

西洋の近代哲学の限界を示し、新しい哲学の営みの道を拓こうとした、ニーチェ渾身の書。アフォリズムで書かれたその思想を、ニーチェの肉声が響いてくる画期的新訳で！

道徳の系譜学

ニーチェ／中山《なかやま》元《げん》◉訳

『善悪の彼岸』の結論を引き継ぎながら、新しい道徳と新しい価値の可能性を探る本書によって、ニーチェの思想は現代と共鳴する。ニーチェがはじめて理解できる決定訳！

光文社古典新訳文庫　好評既刊

自由論

ミル／斉藤《さいとう》 悦則《よしのり》◉訳

個人の自由、言論の自由とは何か。本当の「自由」とは。二十一世紀の今こそ読まれるべき、もっともアクチュアルな書。徹底的にわかりやすい訳文の決定版。（解説・仲正昌樹）

リヴァイアサン（全2巻）

ホッブズ／角田《つのだ》 安正《やすまさ》◉訳

「万人の万人に対する闘争状態」とはいったい何なのか。この逆説をどう解消すれば平和が実現するのか。近代国家論の原点であり、西洋政治思想における最重要古典の代表的存在。

神学・政治論（上・下）

スピノザ／吉田《よしだ》 量彦《かずひこ》◉訳

宗教と国家、個人の自由について根源的に考察したスピノザの思想こそ、今読むべき価値がある。破門と焚書で封じられた哲学者スピノザの〝過激な〟政治哲学、70年ぶりの待望の新訳！

ニコマコス倫理学（上・下）

アリストテレス／渡辺《わたなべ》 邦夫《くにお》・立花《たちばな》 幸司《こうじ》◉訳

知恵、勇気、節制、正義とは何か？　意志の弱さ、愛と友人、そして快楽。もっとも古くて、もっとも現代的な究極の幸福論、究極の倫理学講義をアリストテレスの肉声が聞こえる新訳で！

政治学（上・下）

アリストテレス／三浦《みうら》 洋《ひろし》◉訳

「人間は国家を形成する動物である」。この有名な定義で知られるアリストテレスの主著の一つ。後世に大きな影響を与えた、プラトン『国家』に並ぶ政治哲学の最重要古典。

詩　学

アリストテレス／三浦《みうら》 洋《ひろし》◉訳

古代ギリシャ悲劇を分析し、「ストーリーの創作」として詩作について論じた西洋における芸術論の古典中の古典。二千年を超える今も多くの人々に刺激を与え続ける偉大な書物。

光文社古典新訳文庫　好評既刊

読書について

ショーペンハウアー／鈴木《すずき》芳子《よしこ》◉訳

「読書とは自分の頭ではなく、他人の頭で考えること」。読書の達人であり、一流の文章家が繰り出す、痛烈かつ辛辣なアフォリズム。読書好きな方に贈る知的読書法。

幸福について

ショーペンハウアー／鈴木《すずき》芳子《よしこ》◉訳

「人は幸福になるために生きている」という考えは人間生来の迷妄であり、最悪の現実世界の苦痛から少しでも逃れ、心穏やかに生きることが幸せにつながると説く幸福論。

経済学・哲学草稿

マルクス／長谷川《はせがわ》宏《ひろし》◉訳

経済学と哲学の交叉点に身を置き、社会の現実に鋭くせまろうとした青年マルクス。のちの『資本論』に結実する新しい思想を打ち立て、思想家マルクスの誕生となった記念碑的著作。

ソクラテスの弁明

プラトン／納富《のうとみ》信留《のぶる》◉訳

ソクラテスの裁判とは何だったのか？　ソクラテスの生と死は何だったのか？　その真実を、プラトンは「哲学」として後世に伝え、一人ひとりに、自分のあり方、生き方を問う。

パイドン——魂について

プラトン／納富《のうとみ》信留《のぶる》◉訳

死後、魂はどうなるのか？　肉体から切り離され、それ自身存在するのか？　永遠に不滅なのか？　ソクラテス最期の日、弟子たちと獄中で対話する、プラトン中期の代表作。

メノン——徳《アレテー》について

プラトン／渡辺《わたなべ》邦夫《くにお》◉訳

二十歳の青年メノンを老練なソクラテスが挑発する。西洋哲学の豊かな内容をかたちづくる重要な問いを生んだプラトン初期対話篇の傑作。『プロタゴラス』につづく最高の入門書。